走向平衡系列丛书

情境构筑

平衡建筑五大特质的实证分析

劳燕青　李宁　著

中国建筑工业出版社

图书在版编目（CIP）数据

情境构筑：平衡建筑五大特质的实证分析 / 劳燕青，李宁著. -- 北京：中国建筑工业出版社，2025.1.
(走向平衡系列丛书). -- ISBN 978-7-112-30873-6

Ⅰ.TU-0

中国国家版本馆CIP数据核字第202528DR83号

"人本为先""动态变化""多元包容""整体连贯""持续生态"构成了平衡建筑的五大特质，充分表达了平衡建筑对人、自然及社会的责任与态度。从情境构筑的角度来切入，五大特质实证分析展开为社会视域中的人性与建筑、时间视域中的传承与创新、文化视域中的材质与营造、系统视域中的匹配与整合、绿色视域中的发展与保护。"情境"讨论源自主体思维的"情"与基于客体生发的"境"二者相互触发、彼此和合的发展状态，创作主体和相关使用关联主体之"情"与建筑之"境"能否达成平衡，需通过"构筑"来实现，既有设计与营造中的"构筑"，也有使用者在使用中的"构筑"。本书围绕一系列具体的建筑案例进行分析，尤其注意选择了最为基层的世居祖宅与乡村礼堂等小项目，有针对性地对平衡建筑五大特质在实践中的演变与呈现加以归纳，以期对建筑学及相关专业的课程教学和当下相关建筑设计有所借鉴与帮助。本书适用于建筑学及相关专业本科生、研究生的教学参考，也可供住房和城乡建设领域的设计、施工、管理及相关人员参考使用。

责任编辑：唐旭
文字编辑：孙硕
责任校对：张颖

走向平衡系列丛书

情境构筑　平衡建筑五大特质的实证分析
劳燕青　李宁　著

*

中国建筑工业出版社出版、发行（北京海淀三里河路9号）
各地新华书店、建筑书店经销
北京雅昌艺术印刷有限公司印刷

*

开本：850毫米×1168毫米　1/16　印张：10　字数：269千字
2025年1月第一版　2025年1月第一次印刷
定价：**138.00**元

ISBN 978 - 7 - 112 - 30873 - 6
（44498）

体用一源，显微无间

自 序

"情境"是一个内涵极为丰富的概念，在不同场景或学科中有不同的定义。《现代汉语词典》的解释是："情境，即情景、境地"。在心理学、社会学等相关研究中，"情境"指人在特定时间内做某件事时的周围环境。

环境行为学是研究人与其周围各种尺度物质环境之间的相互关系的科学，当我们借用"情境"这两个字来研究建筑学问题时，是对环境行为学相关研究的因借和延伸。在此语境中，"情境"包含了并列的两重意思：主体思维的"情"，即人处于特定环境下所表现出的心理及行为状态；客体生发的"境"，即当事人所处的物质及非物质因素综合而成的环境。"情""境"的关系即是主体思维系统与客体环境系统之间的相互依存关系。

建筑学上所论及的空间环境是一个很广义的概念，从一个小小的私人空间到整个城市与乡村的广袤空间，都可以理解为空间环境，但不论大小，其目的都是为人所使用。空间环境因为被使用才具有存在的价值，人在使用空间环境的过程中产生了行为现象。在现代心理学的研究中，已经充分注意到人在环境中的行为现象与人们对环境的知觉体验有关，提出了"物理环境"和"心理环境"概念。其中"物理环境"是指不管人是否意识到或觉察到都实际存在的环境，即实存的客观环境；"心理环境"则是指根据外界存在的客观环境形成的知觉经验，即体验的环境。人的行为和反应则是根据体验的环境而产生。

在人类历史上，建筑的诞生源于为人们提供遮风避雨、抵御外界危险的栖身之所。当生存需求满足之后，建筑被赋予越来越多的意义，逐渐将人类自身的精神渗透到建筑之中。建筑环境由设计者赋予意义，而意义的表达则取决于使用者的需求满足和体验。建筑环境的意义被赋予与表达的过程即是"情""境"相互作用的过程，这是一个动态变化的过程。

我们将"情""境"相互作用的过程定义为"情境构筑"，这是设计者推演空间环境、赋予环境以意义并引导其从虚拟走向现实，使用者从空间环境中选择信息并根据这些信息形成体验的环境，进而理解和感受环境意义的过程。

"情"因"境"而生，"境"因"情"而显，两者相合则生喜乐，两者相悖则生哀怒。"情境构筑"的目标是源自主体思维之"情"与基于客体生发之"境"相互触发、彼此和合。创作主体和相关使用关联主体之"情"与建筑之"境"能否达成微妙平衡，需通过"构筑"来实现，既有设计与营造中的"构筑"，也有使用者在日常使用中的"构筑"。就平衡建筑研究而言，"情境构筑"的过程，正是平衡建筑特质的生成与呈现的过程。

平衡建筑特质包含"人本为先、动态变化、多元包容、整体连贯、持续生态"五个方面，充分表达了平衡建筑对人、自然及社会的责任与态度。从"情境构筑"的角度来切入，五大特质实证分析展开为"社会视域中的人性与建筑、时间视域中的传承与创新、文化视域中的材质与营造、系统视域中的匹配与整合、绿色视域中的发展与保护"。

本书围绕一系列具体的建筑案例进行实证分析，尤其注意选择了最为基层的世居祖宅与乡村礼堂等小项目，有针对性地对平衡建筑五大特质在实践中的生成与呈现加以归纳，以便大家在特质呈现的层面能够更多地了解平衡建筑，以期对当下的城乡建设和研究有所帮助[1]。

甲辰年夏日于浙江大学西溪校区

---

1 本书所有插图除注明外，均为作者自绘、自摄；本书由浙江大学平衡建筑研究中心资助出版。

目　录

第 一 章
人 本 为 先
社会视域中的人性与建筑

图 1-1 从北侧水杉林看 L 宅东侧外庭院与松木门

社会视域中的人性与建筑

图1-2 东侧外观

"人本为先""动态变化""多元包容""整体连贯""持续生态"构成了平衡建筑的五大特质，充分表达了平衡建筑对人、自然及社会的责任与态度。平衡建筑站在关乎社会责任的高度来关注并给出设计所面对的诸多问题的适宜解答，在动态的社会发展语境中慎重地审视当下及未来设计发展的方向。很多评判，必须要经过长期的跟踪分析才能逐渐明晰；很多观察与体会能力的提升，也是要经过长期努力才能逐渐获得。

建筑作为深刻影响人类生活的"人造物"，一直是建筑学的核心和本体。在日常的建筑评判中，也时常围绕怎样设计好一座或一组建筑来展开，其焦点通常落在建筑"物"上，而"人"的因素往往会被建筑"物"所遮蔽。因此，如何在"为物"与"为人"之间找到平衡，不是"为建筑而建筑"，方能回归"建筑服务于人"的设计本原。

1.1 回归本原

平衡建筑强调以"人"的复杂性及其特定视角来构筑对建筑关联主体的关心和爱护[1]。在建筑设计中，关注到每个阶段所涉及的诸多使用者、管理维护者、投资者、周边居民等各类主体，体察方方面面的利益诉求，并在设计的过程中通过各种方式予以回应和体现，方能让建筑源于人本而归于人本。

"人本为先"作为平衡建筑五大特质的第一条，其核心就在于"人本"而非"物本"，这就需要着重思考人的本质需求以及建筑与人的关系。从情境构筑的角度，需要在社会视域中去体悟人性与建筑的关系：建筑不是刻板的器物，而是生活的载体，是充满人性情理故事的场所，并与人的多样化需求密切关联。

1 建筑的复杂，说到底还是"人"的复杂，围绕建筑展开的人情与人性、欲念与天理，无不以"人"为宗旨。建筑评判必然涉及价值的权衡，"价值"这个概念是从人们对待满足其"需求"的外界物的关系中产生的，而"需求"必然是发自主体的意愿，"价值"就是主体对客体的需求关系。参见：董丹申，李宁. 知行合一——平衡建筑的设计实践[M]. 北京：中国建筑工业出版社，2021：11.

1.1.1 心安之处方是家

浙江多山，但在浙北太湖流域却有难得的一片平原。几千年前随着海平面上升，海水由河道侵入太湖盆地，形成一系列的浅水湖泊。后经长期的人工开发、整治，最终形成"五里七里一纵浦、七里十里一横塘"的江南水网格局。至南宋，这里成为全国经济最发达的地区，以苏、松、杭、嘉、湖五府为代表的商业城市的兴起，带起了一大批新兴市镇。

这批市镇至今大多留存，如现属江苏省的同里、震泽、盛泽和属浙江省的乌镇、西塘、南浔等市镇，在这些市镇之间则是星罗棋布的村落。

其中有一个普通但也典型的江南乡村，其有一个富有诗意的名字——白水河，处于乌镇、南浔、练市等古镇之间，至杭州、苏州、上海、湖州等城市的车程在 30~90 分钟之内。沿河而筑的村落尺度适宜，营造肌理随意但清晰。原有住宅大都建于 20 世纪50~80 年代，以"两坡硬山+两院（天井）"的三进形制为主。近年来，村民逐渐东迁，在村落东边的公路两侧形成了新区。新建洋楼覆盖红色或蓝灰色水泥瓦、瓷砖或涂料装饰的墙身，与大多数"新潮"但无特色的江南乡村面貌并无二致。

L 宅是在建筑师的世居祖宅上翻建的，总用地面积453 ㎡，总建筑面积280 ㎡（图 1-1~图 1-3）。宅基地坐落在村落的西部，南北长20m，东西宽12m，东侧是和宅基地差不多大小的院子，北侧是一片生长了 30 多年的水杉林。

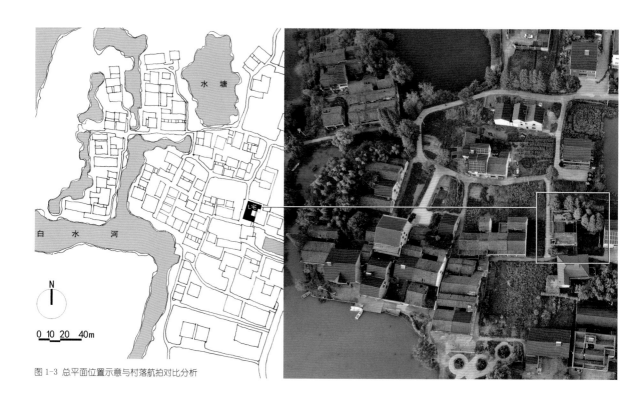

图 1-3 总平面位置示意与村落航拍对比分析

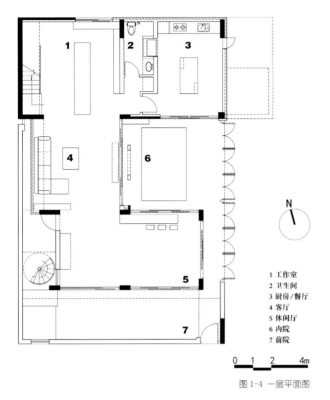

1 工作室
2 卫生间
3 厨房/餐厅
4 客厅
5 休闲厅
6 内院
7 前院

0 1 2 4m

图1-4 一层平面图

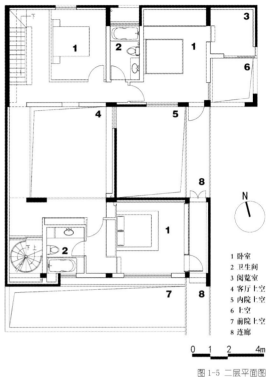

1 卧室
2 卫生间
3 阅览室
4 客厅上空
5 内院上空
6 上空
7 前院上空
8 连廊

0 1 2 4m

图1-5 二层平面图

　　L宅的平面轮廓和老宅原址完全吻合，底层主要是青砖院墙，面向东侧的院子是一排可开闭的松木门，上部建构一个简洁的混凝土形体（图1-4、图1-5）。

　　青砖院墙自西向南再拐至东侧，在房子南侧围合成前院，由东侧巷道可通往房子中央的内院。随着底层玻璃移门的开闭，前院和内院亦内亦外，院墙也是建筑外墙。在阳光明媚的日子，打开东侧的整排松木门，内、外院落又可融为一体（图1-6）。基地北侧有一片界定外部庭院的院墙，数株水杉、几丛翠竹，点缀出北院的安静与雅致。

　　底层平面中除了北侧厨房、餐厅、卫生间外，是一个连续的开放空间，囊括了会客、工作、娱乐等功能，中间部位是两层通高的大空间。

　　在二层平面中，西侧的内部连廊和内院东侧的外部连廊连通了南、北卧室，通过西北角的悬挑钢梯和西南角的室外螺旋楼梯与一层房间连通，而后者还可以直上屋顶露台。从屋顶东望可看到远处的鱼塘、田野，往西是村里老房子连绵的黛色瓦屋面，北侧则被水杉树映衬，人们站在屋顶可以想象在月白风清的夜晚于此饮茶赏月的惬意场景。

图 1-6 夜色中的树林、庭院与家园灯光

图1-7 从入口走道看内院　　　　图1-8 东侧庭院与松木门　　　　图1-9 从东侧庭院看内院与客厅

设计中，"模糊"是一个重要策略，模糊的内外空间，模糊的功能属性，甚至模糊的入口。从整体看，房子的入口设置在南侧院墙上，这里通向村里的一条主要道路，正对着南门的是家族另一处老房子的北门，上部有连通南面老房子的廊桥。

但从此处进入也仅仅是到了前院，只有跨入休闲厅中任一处可打开的玻璃移门才进入真正的室内。但当东墙上的连续松木门被打开，使得内院与外院融为一体时，南门入口的意义又被相对弱化了（图1-7、图1-8）。

设计恰是在空间的可变性、功能的模糊性与使用方式的多样性之间寻求平衡点，使房子能够融入周边的村落环境中，并以多重院落的空间组合塑造充满乡土气息的情境，以期唤起使用者儿时的场景记忆（图1-9）。

这是一个完全自我控制的房子，所有的矛盾、冲突、选择都是自我提问、自我斗争的过程。设计过程经历过否定、批判、认可，最终舍弃了对形式的纠缠、对空间的沉迷，回归到"人"的需求、成本控制、施工能力这些最本质的问题上。

木结构是江浙一带传统民宅的主要结构体系，在这种体系中木匠是施工建造的组织者。但当前农村砖混结构的新农居使以砌筑为主要技艺的泥工成了施工组织者，而传统木构民宅建造体系中技术精良的木匠师傅成了可有可无的角色。

但只会建造固定形制民宅的泥工平时以"寸""间"等传统尺度概念施工，基本看不懂图纸，甚至无法以普通话交流，而聘请的木匠在当地具有多年建房、装修经验，能在适当解释后基本看得懂平面、剖面之间的关系，所以在明确方案之前建筑师就设想能否选择一种合适的建造方式，将木匠师傅重新置于建造控制者的位置。

图 1-10 从内院看外院

图 1-11 西侧外观

图 1-12 悬挑钢板楼梯与墙体的轻灵衔接

图 1-13 通高空间

　　反复比较后，发现墙体采用清水混凝土浇筑是最佳选择，因为浇筑混凝土的关键是木匠对模板的搭建。在木匠搭建好模板之后，泥工无须看懂图纸，只须干好自己所擅长的浇筑即可。

　　建筑师对混凝土浇筑的要求是横平竖直、不求精细，之所以选择100mm宽的松木板作为模板材料，更多的考虑是为了简化木匠搭建模板的技术难度。

　　一台混凝土搅拌机、四部手推车、一根振捣棒、若干铁锹就是混凝土浇筑的全部工具。

　　当第一根柱子卸下模板时，看到木纹清晰、拼缝平直的效果，确认木匠活基本过关。但浇筑时由于泥工振捣不够，柱子角部出现蜂窝，建筑师及时给予纠正、讲解。

　　在随后的过程中，又出现模板漏浆、胀模、露砂等问题，也遇到上部浇筑如何保护下部墙面等问题，通过不断地商讨、示范、改进，主要问题得以基本解决（图1-10~图1-14）。

图 1-11 中央内院

社会视域中的人性与建筑

图 1-15 从客厅看内院

图 1-16 休闲厅

图 1-17 工作区

在混凝土浇筑外，部分墙体采用清水砖墙砌筑。从整体性考虑清水砖墙要一次成型，建筑师要求技术粗放的泥工放慢砌筑速度，每皮砖都必须定位，并将砌筑方式简化到最基本的组合，尽量避免复杂的构造。在某些室内局部则干脆让泥工随意发挥，在后期直接刷白，将随机的拼纹作为内墙装饰。

青砖、木料、石板等建材全部是回收的旧料。每个周末，建筑师除现场协调或参与建造外，剩余时间就在四处搜淘旧砖、老瓦、石板、枕木等。附近一个古镇的旧木市场就成了建筑师经常光顾的地方，东侧院墙上的木门板材料以及工作室长桌的木料都来自于此。还从工地上一位工匠那里获得信息而购得一个老房子拆除下来的院墙石门框，最终成为内院的一个装置（图 1-15）。

这是一种高度参与建造的方式，而具有时间积淀的旧材料慢慢变成了房子的一部分，似乎使房子也具有了情感的基因。同时也使村民们明白，瓷砖、黏土砖、琉璃瓦不是唯一的选择。

"重建筑、轻装修"（图 1-16、图 1-17）也许是大多数建筑师对待室内的态度。土建完成后除了二层卧室区的墙面及一、二层通高空间的两堵侧墙抹灰找平后涂料刷白外，其余在清理干净后均保留了土建完成时的状态，甚至保留了建造时的污迹和纠错的痕迹，而浇筑混凝土的松木模板在底层墙面和二层主卧室外廊的地面又被重新加以利用。

底层南侧休闲厅及内外连廊楼板梁底做平的构造效果令人满意，净高虽仅有 2.4m，但顶棚连贯、简洁，毫无压抑之感。底层地面选用本色水泥基自流平，平整且略带光泽，使室内的混凝土、砖墙、木材等多种材料的质感与色调找到了统一的基准。

整个建造过程持续了整整两年。工匠都是乡村农民，每遇农忙就得停工，而后期的门窗、地板材料等都得到杭州采购，甚至一些安装工人都要从杭州过来，使得建造进度变得缓慢。建造期间，建筑师每周往返于杭州与施工现场之间，看着房子一点点生长，辛苦但也快乐。

从20世纪90年代开始，尤其是2000年后，江浙一带乡村村民建房日盛，但基本处于建造无序、技术粗放、样式俗套、铺张浪费的状态，因此L宅的建造是一次具有实验意义的尝试。在建造层面强调与当地工匠的深入合作，改变工匠原来粗放的建造习惯。在观念上让乡民们认识到盖房的另外一种可能性，而这并不一定需要高造价、高技术（图1-18~图1-20）。

农村传统的建造方式与技艺已出现断层，让工匠们去尝试新的建造方式，让乡民们去体验新的建筑形制，让他们改变一点既有思维。当建筑完成，他们不由自主地发出一声感叹但能喜欢并接受时，也许这个建造过程已经具有了意义。

当然，这次建造从没有想要得到一个与周边环境格格不入的结果，大多数回收旧材料的运用本身是一种基因的延续，而一座能容纳父辈的生活习惯和子辈已改变的新的生活方式的房子又何尝不是对传统的再连接和更新呢？

房子里的生活已展开，植物在生长蔓延，时间在墙面上留下痕迹，但建造远没结束。在今后的更长时间里，如生命一样，期望房子能清晰地呈现生长的印记。

图1-18 二层南侧局部　　　　图1-19 从书房看客厅　　　　图1-20 从楼梯处看二层西连廊

图1-21 白水河村文化礼堂与金色的田野

社会视域中的人性与建筑

1.1.2 白水河村话家常

源于生活水源及水路交通的便捷，浙北太湖平原流域的村落大多因水而生，水系的自然走向影响着村落的营造肌理。但随着社会发展，生活水源不再直接依靠河流，村民的出行方式也不再依靠水系，村落的生长逐渐向村落主要的公路聚拢。

白水河村同样如此。在L宅建成近八年之后，整个村庄的重心已从西侧的河道平移到了东侧的公路两侧。由村小学教学楼改造而来的原村委办公楼靠近西侧的河道，离交通主路较远，出行已显得不便。

自2013年开始，浙江省在乡村试点建设集文化展示、学教和娱乐活动于一体的综合性乡村文化礼堂，满足群众举办文化节庆、风俗礼仪、文体活动以及村民议事集会等功能需求。

白水河村于2018年着手在公路边兴建村文化礼堂，将村委办公和党群服务等功能纳入其中，以一并解决办事、议事、活动功能缺失以及交通不便等问题。项目总用地面积3335㎡，总建筑面积682㎡（图1-21～图1-24）。

图1-22 北侧外观

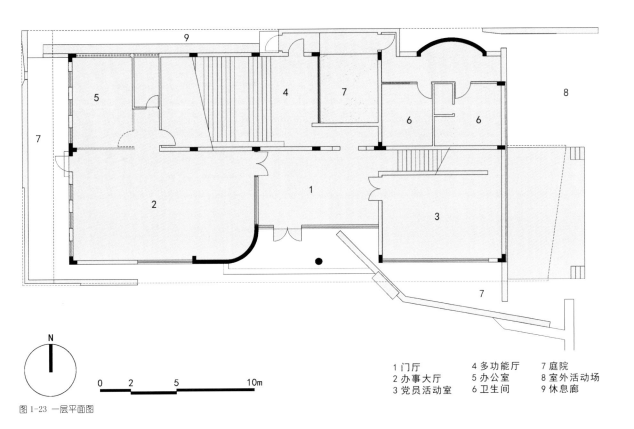

N

0 2   5   10m

图 1-23 一层平面图

1 门厅　　　　　4 多功能厅　　7 庭院
2 办事大厅　　　5 办公室　　　8 室外活动场
3 党员活动室　　6 卫生间　　　9 休息廊

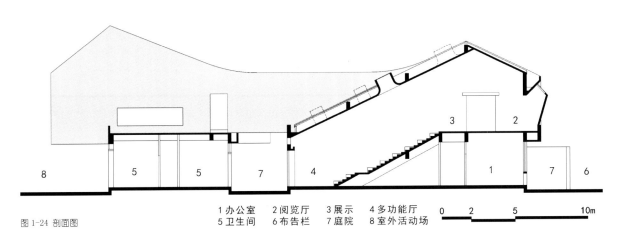

图 1-24 剖面图

1 办公室　　2 阅览厅　　3 展示　　4 多功能厅　　　0 2   5   10m
5 卫生间　　6 布告栏　　7 庭院　　8 室外活动场

图 1-25 南侧临河鸟瞰

社会视域中的人性与建筑

浙北村落的家族观念较为淡薄，即使同姓家族也并无根系血缘的祠堂之类的公共建筑，村落布局大多是自发生长，各家住宅散落于河道或村道周边，房前屋后留有晒场、菜园或水塘。

俯瞰整个村落，虽然布局略显随意，但所有的住宅均面南而建、硬山坡顶、南北坡向，并顺应坡顶方向朝南开设主门。老宅大多为青瓦白墙，南北多进院落、纵深较大，加建或新建楼栋大多为红色或灰蓝色屋面，南北进深小。

作为行政村，白水河村近年来合并了周边若干个自然村，村域的范围已扩大数倍。文化礼堂选址于白水河自然村的南部端头处，是整个行政村的核心区位。用地南临河道，是自西侧延伸而来的河道末端，在此形成较为宽阔的水面，再往南是一望无际的田野，远处方圆百里唯一的一座小山——含山若隐若现。用地其他三面均由散落的民宅环绕，其中北侧界面紧依村中主路，村民自西、自东而来均可汇集于此（图1-25、图1-26）。

图1-26 东北侧整体鸟瞰

图 1-27 东北侧外观

图 1-28 河边老树林与文化礼堂

图 1-29 西南侧鸟瞰

项目基地呈东西向狭长的梯形。设计在西侧留出文化展示广场，东侧布置篮球场，也是重要的文艺演出或室外展览场地。

文化礼堂居于地块中部位置，沿东西向展开布置，建筑形体以平坡结合的形式自东北向西北升高，再于南侧朝东延展并微微抬头起翘。整个建筑形成东西朝向的坡屋面，显示了和村中住宅南北坡向完全正交的坡顶肌理，暗示了其作为村中唯一公共建筑的特殊性（图 1-27～图 1-29）。

文化礼堂南北方向共计两进。朝南开设主入口，沿南边门厅第一进是党员活动室及办事大厅，供村民日常的政策咨询、办事

办证等日常事务使用；沿北侧村道的第二进主要是多功能厅，朝北开设边门，便于村民直接进入。边门外沿村道布置了一处凹入的休息廊，也是路过村民的歇脚处，即使不进入文化礼堂，也可在此聊天、拉家常。文化礼堂的东北角是一处对外的公共卫生间，服务于路人、打球的少年或看戏的村民。公共卫生间与多功能厅围合了一个内院，种植高大乔木，树梢出墙，适时地在建筑形体的连贯性中增添一抹摇曳的生机。

多功能厅通向二层的阶梯同时也是可坐的看台，两侧布置书架，是学教、讲座、议事的地方，平时是儿童阅览、游戏之处，

顶部有自然光线从斜屋面的圆形天窗泄下。从大台阶侧边的步道上到二层平台,设有长桌、座椅,是村民聚会、聊天、喝茶的地方,朝北是落地门窗,站在外面的阳台上可以看到村道上来往的路人,也可以与下面休息廊歇脚的村民对话、聊天。二层朝南一侧是村史馆,在中部退让出一处圆形露台,与东、西两侧展厅的一点、一竖、一横窗洞形成南向的立面构成,满足室内展示场景的同时也可远眺南侧外部宽阔的水面、田野及远山。建筑在东南角形成最高形体,朝东设置阳台,站在阳台上可以望见东侧球场上运动的人群或演出的场景。

文化礼堂屋面覆盖青瓦,白色墙身,底部是清水砌筑的灰砖围墙,材料及色彩与村里的老宅相承。室内作最简朴的处理,局部墙面留存红砖的砌筑肌理,直接刷白,顶面是裸露的清水混凝土,以天光或射灯营造室内氛围。

浙江省农村文化礼堂的建设围绕"文化礼堂、精神家园"的定位,以大门常开、活动常有的管理形成了有声有色、百花齐放的乡村文化活动局面。自 2013 年开始,湖州地区的乡村逐渐建成了各自的文化礼堂,规模较大的村文化礼堂附建宴会厅,是村里红白喜事的集中举办之处,更显热闹。白水河村文化礼堂规模虽小,但以连贯的形体空间、开放的功能定位较好地融入了乡村的肌理环境,既有原本生长于此的空间自然性,又对村落当下以及将来建筑营建路径的指引性,建成后成了村民茶余饭后话家常最主要的去处(图 1-30~图 1-32)。

图 1-30 西北侧鸟瞰

图 1-31 北侧鸟瞰

图 1-32 从东北侧看文化礼堂与田野夕阳

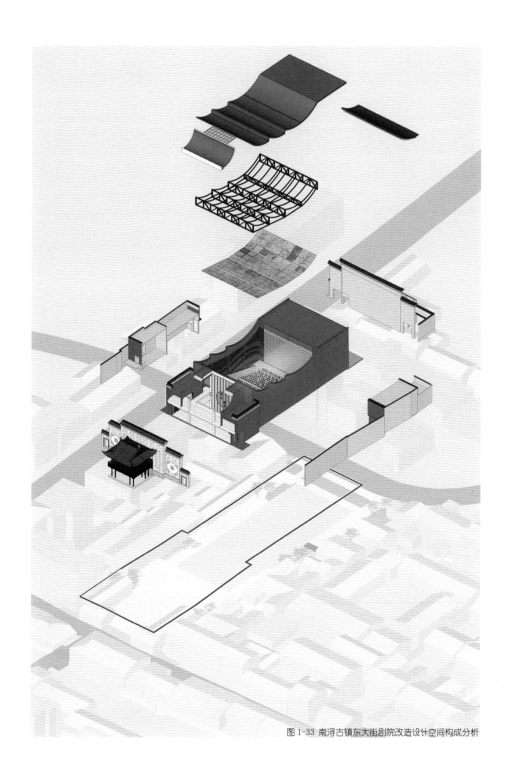

图 1-33 南浔古镇东大街剧院改造设计空间构成分析

社会视域中的人性与建筑

1.1.3 古镇剧院演新戏

南浔古镇位于浙江省湖州市，是一个中西建筑合璧的江南水乡古镇。历史上，古镇格局以南市河、东市河、西市河、宝善河构成的十字港为骨架发展而来，但在 20 世纪 60~70 年代，宝善河被填埋成了宝善街，十字港变为丁字港。2019 年南浔制定了古镇保护利用三年行动计划，其中的重要内容之一是宝善河水系恢复整治，南浔古镇东大街剧院改造工程项目是整治的关键节点。

在当年宝善河被填埋成宝善街后，街道两侧建成了成片的商业服务等设施，包括街口东侧的南浔老剧院，在当时这是古镇重要的文化娱乐场所。剧院位于宝善街与东大街交汇处，东侧紧邻一处须完整保留的传统建筑，西侧及北侧片区也是本次整治改造范围，南侧面向广场的是剧院改造过的南立面及一处古戏台。广场与东大街相通，南向正对东市河上的通津桥，这里是南浔北片区重要的古镇节点。改造之前，剧院余留面向广场还算光鲜的南立面，两侧门锁紧闭，内部功能已荒废多年。

改造目标是激活古镇老剧院的机能，使之满足戏剧演出及观赏需求，希望能够成为南浔古镇中重要的文化载体。项目总用地面积 980 ㎡，总建筑面积 1868 ㎡（图 1-33~图 1-35）。

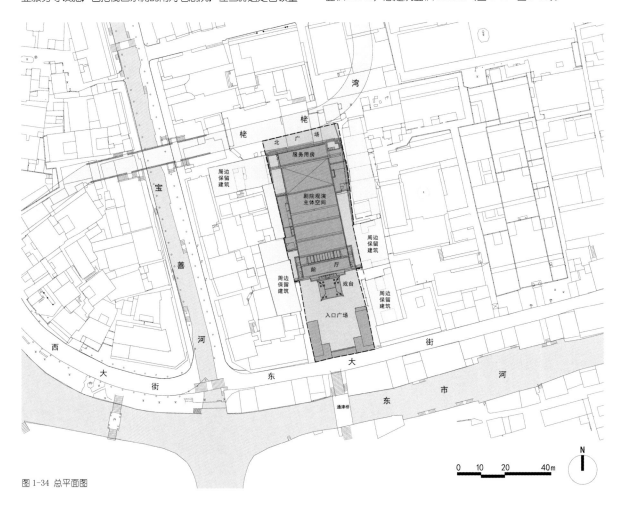

图 1-34 总平面图

图 1-35 模型南侧外观效果

社会视域中的人性与建筑

图 1-36 东北侧鸟瞰(钱冠翔 摄)

图 1-37 模型西南侧外观效果

图 1-38 观众厅场景(杨如音 摄)

剧院原平面东西宽约 20m、南北进深约 54m,南侧是仅 6m 进深的门厅空间,北侧是后台配套用房,中部为舞台及观众厅,卫生间设在室外庭院,使用不便。除局部夹层外,整体为简易的单层高大空间,主要承重结构为砖砌柱,屋面为钢木组合型屋架,上设彩钢板。经结构安全鉴定,上部承重结构及围护结构评定为 Cu 级,房屋的使用年限已经殆尽,要求暂停使用。

剧院位于周围建筑群的夹挤中,就原有平面及结构现状,无法大规模拓建,同时在古镇建筑 12m 限高要求下,原有空间无法满足正常规模剧场的改造要求。基于客观条件及业主要求等因素

的综合考量,设计最终以"黑匣子剧场"的定位来改造观演空间,同时使空间获得一定的灵活性,满足会议、演出、活动等多种场景使用的可能性(图 1-36~图 1-38)。

设计拟修缮戏台广场,在保留南立面及原有建筑轮廓、更新屋顶、加固外墙系统的前提下,从以下方面介入对剧院进行修复性改造。介入 1:调整观众、演员入场及消防疏散流线,改造门厅及后台空间,增加卫生间等配套设施,提升入口大厅形象,完善演员辅助空间;介入 2:增加机电设备设施,改造空气调节及消防系统,以满足新的使用及现有规范要求;介入 3:全面更新

舞台及机械光电设备，改造观众厅坐席排布，满足观演视线等要求；介入 4：更新屋顶结构及造型，以满足舞台演出要求、提升观众观演舒适度；介入 5：封闭侧面原有立面开窗，以满足新的消防间距要求。结合片区改造，增设后台入口，改造并显露北立面（图 1-39~图 1-42）。

更新方案明确后，改造过程并非一帆风顺。剧院运营方原想固定演出剧目，使空间改造满足剧目剧情的演出要求，但与演出团队的合作迟迟未定，导致项目一度停滞。待项目再次启动，原建筑屋架、侧墙已在片区改造中坍塌，仅遗留南墙及南广场戏台。

设计修改原方案，在保留南墙的同时以新的结构体系恢复外墙围护体系。但在维护南立面的施工过程中又发现原有南墙为碎砖砌筑，根本无法独立保留，经各方商议、评估后确定了重新测绘、结构更新、原样复原的方案。改造完成后，剧院南立面、戏台及广场修旧如旧，成为剧院集散及古镇区域的中心空间。

从戏台东西两侧院墙经过侧院再进入剧院，剧院内部形成三进空间。第一进空间在南部形成了完整的入口门厅空间，较之原平面向北侧拓展了 5.7m，并通过通高空间及顶部采光丰富了内部空间氛围，二层设置的回廊也是观众厅后部入口的前厅。

图 1-39 北侧入口（林珈名 摄）

图 1-40 侧院局部（林珈名 摄）

图 1-41 南侧山墙与戏台（林珈名 摄）

图 1-42 古镇脉络中的剧院微更新（钱乃琦 摄）

社会视域中的人性与建筑

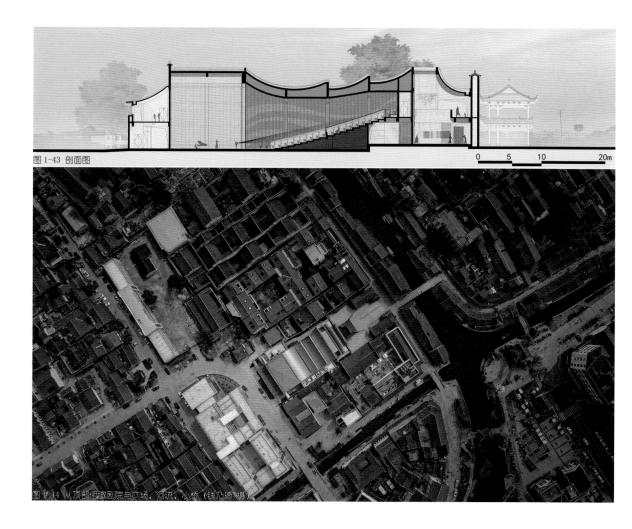

图 1-43 剖面图

0 5 10 20m

图 1-44 从顶部俯瞰剧院与广场、河流、小桥（钱乃琦 摄）

第二进空间为通高的观、演空间，观众厅前区为机械伸缩坐席，使舞台表演区与观众坐席区的界线灵活可变、完全融合，满足多种演出形式及中小型会议需求，观众厅后区的固定坐席向后升高与门厅二层回廊连通，固定坐席下部新增卫生间，完善了剧院配套设施。

第三进空间为设有对外独立出入口的后台配套区，一层为演员的候场区，二层为演员休息及化妆区，当用作会议功能时均可转换为贵宾休息室。东西两侧增建了消防控制室、机电设备用房及一组为后台所用的公共卫生间。机房独立设置于外部以减少对剧院后台空间的干扰。随着外围片区的更新改造，剧院北侧直接贴着新增的交通干道，北立面也成为面向古镇的重要展示面。

设计以尽量轻巧的手法将剧院功能全面激活，以适宜的尺度及材料运用将建筑融入宝善河片区恢复整治计划中，既保证了古镇脉络的完整性与延续性，又满足了新时代的使用要求。剧院投入使用后，与上海戏剧学院等文化单位长期合作，演出不断，成为古镇旅游重要的组成部分（图 1-43、图 1-44）。

1.2 主客共生

环境在使用过程中必将涉及环境呈现与人在其中的活动两个方面，两者发生关系的过程就是环境意义被表达的过程。

意义的存在与表达是两个不同的方面，不管环境设计者与环境使用者是怎样关联，但有一点是肯定的，即意义存在的可能性是环境设计者促成的，而意义表达的现实性则取决于使用者的理解和体验。只有当环境意义的存在与表达相一致的时候，即使用者与环境能彼此相融时，这个环境的营造才是成功的，才能被使用者接受及喜欢。因有"情"，"境"被赋予了价值和意义；因有"境"，"情"便不再是无根的浮萍。"情"与"境"在环境空间中交融，常规意义上主体与客体的界限得以消解，方能升华到"情境合一"的境界。

1.2.1 桃花影落寻仙山

大陈岛位于台州市椒江区东部，为台州列岛 106 个岛礁中的主岛，处于距离海门港 52km 的台州湾洋面上，曾经是十分繁华的海上集镇，亦是海上丝绸之路的重要节点。

大陈岛由上大陈岛、下大陈岛两座岛屿组成，森林覆盖率超过 50%，于 1993 年被批准为浙江省级森林公园，岛内自然和人文旅游资源丰富，近年来成为游客的观光旅游胜地。

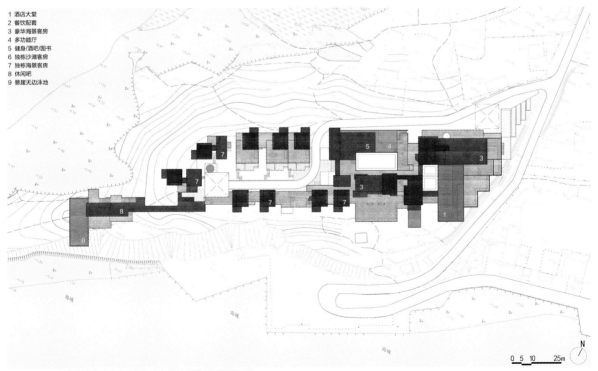

1 酒店大堂
2 餐饮配套
3 豪华海景客房
4 多功能厅
5 健身/酒吧/图书
6 独栋沙滩客房
7 独栋海景客房
8 休闲吧
9 悬崖无边泳池

0 5 10 25m

N

图 1-45 大陈岛台胞接待站建设工程海岛高端民宿群项目总平面图

图 1-46 建筑群组与港湾夜景鸟瞰图

社会视域中的人性与建筑

近年来，迁居台湾的大陈岛台胞及后代不断回岛寻根，文化交流日趋频繁。大陈岛台胞接待站建设工程海岛高端民宿群项目的基地位于上大陈岛南岙村，是在大陈岛原台胞接待站区域原拆原建的项目。

海岸线在这里略作弯环，东南侧朝大海伸展，西侧则形成了一个宁静的港湾，海风徐徐，渔舟唱晚，归来的船只在此停泊歇息，亦如归家的故人。基地北侧与环岛公路相连，也是整个区域与外界沟通的人流、物流进出方向。

项目功能包括接待中心、集中客房、独栋客房、休闲配套设施等，主要是接待探亲的大陈岛台湾同胞及用作对外高端海岛民宿，总用地面积 10108 ㎡，总建筑面积 9890 ㎡（图 1-45～图 1-47）。

建筑与基地必然存在互动的效应，正是在建筑从虚拟走向现实的过程中，两者相互匹配、相互整合。建筑从基地的环境应力中生成，基地则随着建筑的介入而不断发生动态的变化，互相成全，以至达到一种微妙的平衡而形成新的环境共同体，开始演绎新的时空故事。建筑师是这段关系的引导者，细细感悟，亦能窥见建筑与人、人与自然之间无法隔断的关联。

1.2.2 碧海潮生卷珠帘

基地三面环海，常年受海风侵蚀。设计关注环境、气候与建造的关联，以混凝土为主要结构及装饰材料，可以适应咸湿环境并与基地中的礁石相呼应，在空间的封闭与开放、材料的粗糙与精致、形态的轻灵与厚重之间寻找平衡点。

建筑群落以横向线条作为基本的设计要素，通过自北向南的横向体块组合，使建筑群落空间在大自然面前延展开来，与基地的走势保持一致，使建筑与海岛坡地紧密地贴合在一起。在基地的东北入口处设置了接待中心，并作为整个酒店区域的公共配套区域，办理入住、商务餐饮、咖啡休闲、后勤服务等功能均在此集中安排，既方便对外衔接，也减少对基地内部的干扰。

图 1-47 东南侧鸟瞰图

社会视域中的人性与建筑

在原台胞接待站旧址区域布置集中客房，在北侧利用地形高差布置健身房、酒吧、图书室等，在较为安静的南侧布置各自带有面海庭院的独栋客房。在基地伸向大海的南端设置了休闲吧和无边际悬挑泳池，并充分利用地形高差设置了多层景观露台，满足高规格海岛酒店的品质享受。整个建筑群落错落有致，各个功能区均有朝海面或沙滩敞开的视线，且建筑本身在借景之时亦成

为海岛的新景观（图1-48~图1-50）。

单以建筑所围合的范围来看，空间是非常有限的，但若是以视觉对空间的延伸来看，建筑情境却可以是无限的。在面对海岛建筑多样的景观类型时，设计巧用因借手法，将天之辽阔、地之苍茫、海之浩渺纳入建筑群组的日常起居流线中，以山海天籁使人们在不经意中品味沧海一声笑。

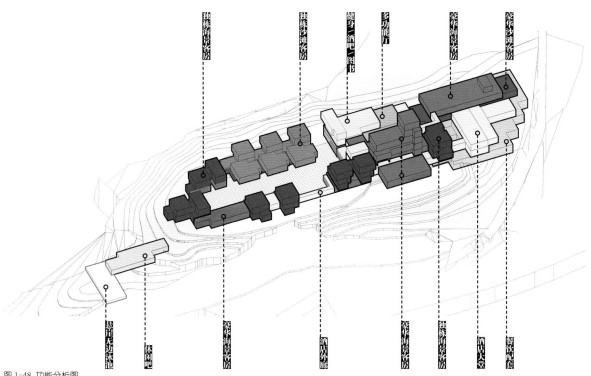

图1-48 功能分析图

图1-49 南侧沿海透视图

图1-50 接待中心入口透视图

图 1-51 沿西北侧沙滩透视图

图 1-52 从休闲吧望向东海透视图

图 1-53 内庭院透视图

1.2.3 暂离尘俗几日闲

每个基地都有自己的历史，自然就会有历史的积淀，这份沉淀包含了这片土地千百年来文化、记忆、精神和情感的传承与累积，而建筑正是这些内容的非常贴切的载体。

大陈岛是一座有历史、有故事的海岛。1949 年国民党军队退至台湾，但实际上还控制着沿海许多的岛屿，大陈岛便是其中主要据点之一。因其特殊的军事地位，大陈岛上人数最多时达 3 万人，并修有教育、卫生、军事等方面的配套设施。1955 年解放军攻克一江山岛，在失去外围屏障后，国民党当局被迫实施了大陈岛撤离计划，并将遗留的码头、渔船、物资等悉数销毁。时过境迁，再次踏上这块土地，硝烟已然淡去，剩下的只有那一份血脉相连的思念。虽是时间不可逆转，但是空间却可以带人们重新感受那段特殊的历史岁月。

建筑群组的南端，是区域内最开阔的一个平台，大海波涛汹涌连向远方，那是同胞离去的方向，人们在这里驻足、停留，与同胞隔海相望。深情至此，便是设计对历史的一份交代。

建筑设计过程以"情"为出发点和着力点，深入挖掘设计背后的情感、思念和历史渊源，并以"境"加以点题和引导。当建筑情境不再是牵强附会的文辞修饰，设计方才能回归其最初的动力和热忱（图 1-51~图 1-54）。

图 1-54 东南侧整体透视图

社会视域中的人性与建筑

1.3 场所的日常性

分析当前一些建筑设计状况，并不是创作源泉枯竭或创作能力不足，只是许多建筑设计多了一份"烦躁"，少了一种"心平气和"的心态，在设计方式上也显得"粗放"。造成这种状况固然有经济技术、创作条件等方面的因素，但是观念上的认知才是最为主要的。

许多快节奏的建筑创作缺乏对建筑活动本体意义探究的意识和自觉，以至于较少将建筑活动放在人类生命活动和存在意义的高度去看待、认识和调节，较少把创作眼光投向平凡的生活细节和人类行为上，却过多地关注诸如"艺术""造型""形式""风格"之类被认为是可触可见的"抓手"上，这就是建筑创作常常流于表面化、令人感到缺乏内涵的重要原因[1]。

在实际城市、乡村的发展过程中，空间之"境"与人一样是不断发展变化的。或者说，建筑和人一样，可以说它不变，因为它不会变成另一幢建筑，就像人不会变成另一个人一样。但是人的脸庞或表情会随年龄、时间、生活等种种因素而改变，建筑也会改变。建筑的落成并不是说该建筑已终结了，而是应该给它更多可以改变的余地，尽可能给它可以改变的条件，让它在生命历程中有足够的弹性来随时代的变化而不断生长[2]。

用这种观念来理解建筑，就会在建筑设计中以一个平常人的观点来思考问题，更注重社会视域中人性与建筑的关联，注重人们的生活状态，也更注重观察社会的能力，真正把建筑设计当作一种社会现象来看待，从而使自己思路开阔。

---

1 建筑在不同的时间里会披着不同的外衣，有时候似乎建筑就是源于经济、社会科学、立体空间或历史传统，但建筑其实是源于生活文化、源于生命，除此之外的学说、派别都是末节。参见：劳燕青. 环境中的事件模式——江南水乡环境意义的表达[J]. 新建筑，2002(6)：60-62.
2 人们认知这个世界的媒介是生活周边的日常事物，与人的日常认知相平衡的建筑容易被接受和共鸣；而与日常认知相冲突的建筑，比如怪异的造型、超人的尺度等，则会给人们带来压迫感。简朴、自然而又富有禅意的"日常性"理念，正是一种不张扬、平和的态度，与我国传统文化中的生活哲学一脉相承。参见：董丹申，李宁. 在秩序与诗意之间——建筑师与业主合作共创城市山水环境[J]. 建筑学报，2001(8)：55-58.

第 二 章
动 态 变 化
时间视域中的传承与创新

图 2-1 绍兴艺术学校主入口广场与音乐厅门廊对景（赵强 摄）

时间视域中的传承与创新

图 2-2 西南侧总体鸟瞰（赵强 摄）

运动是事物的基本属性，是绝对的，而静止只是一种相对的状态。每一事物的发展过程中都时刻在发生着动态变化，所以任何平衡都是暂时的、相对的，这才是平衡的常态。与时俱进，善于打破旧平衡，构建新平衡，这才是建筑创新的源动力[1]。

建筑场景之所以能呈现出和谐的氛围感，就在于其设计、营建、发展过程中的动态平衡。社会的和谐、人与自然的和谐，都是在动态中实现的。在时间视域中辩证地把握传承与创新，在多方需求的博弈中创造性地达成动态平衡，这样方能营造生机勃勃的共生样态。

2.1 生机再续

如今我国城市发展模式已经从增量扩张逐步向存量更新转变，面对当下这个存量时代巨大的城市更新需求，在经历前面多年大刀阔斧的城市建设波峰后，需要逐渐定下心神来反思过往并探讨当下建筑设计的着力点。

增量扩张已逐渐在冷却了，建筑市场在不断变化，曾经的设计思路是否还能满足当下的需求？曾经辉煌的特定建筑群组如今破损衰败了，其中蕴含的空间记忆怎样才能激发出生机？特定城市必然有其自身的发展延续脉络，怎样通过新老区域的整合来进行传承和诠释？时代在变化，建筑科技在发展，建筑师如何秉持设计初心来营造新时期的人居环境[2]？现阶段的建筑设计须在实践中不断思考这些问题并寻求适宜的解答，绍兴艺术学校改扩建工程正是基于这些思考的一次尝试。

---

1 世间万物，无不是在动态发展的，大到天体行星、小到细胞原子都处在运动状态中。建筑本体在其各个发展阶段会达到一种相对平衡的状态，但这种相对平衡同样是动态的。参见：董丹申，李宁. 知行合一 平衡建筑的设计实践[M]. 北京：中国建筑工业出版社，2021：27.
2 依据基地原初地貌来延续建筑群落空间记忆，传承城市脉络来整合特定街区新老区域的关联性，从具体操作的层面，记忆与识别、生长与更新、借鉴与呼应等策略对城市发展存量更新模式中激发新老区域活力具有较好的可行性。参见：赵黎晨，李宁，张菲. 基于城市发展存量更新模式的校园再生分析——以城市特定街区校园改扩建设计为例[J]. 华中建筑，2024(6)：81-84.

绍兴艺术学校前身为浙江绍剧艺训班，于 2003 年建成并启用了位于浙江省绍兴市二环西路的校区。经过 20 多年的发展，现有校区及其建筑已无法满足学科规划及后续发展需要，这是本次改扩建更新的起因。

同时为了推进"校团合作"改革，新征南侧三角地作为新组建的绍兴演艺集团综合楼的建设用地。两个单位虽独立管理，但希望能够有机融合、资源共享。项目总用地面积94141㎡，总建筑面积79109㎡（图 2-1~图 2-4）。

2.1.1 顺应校园脉络演变

校园整个用地呈倒三角形，新征的用地补齐了三角形基地的南端拼图（图 2-5）。校园的周边环境资源较为优越，西侧的二环西路是校园与城市交通连接的唯一界面，其余基地边界均直接临河，隔河往东望是连续的自然山体。

西侧垂直于二环西路的原有校园建筑是教学实训组团，东侧与河道呈正交关系的是生活及运动组团，两者与三角形基地的两条边相呼应形成了两个方向的肌理网格。根据设计要求，生活运动组团全部保留，仅做立面改造，教学组团保留公共教学楼及核心的音乐厅。所以，在原有校园两个方向的肌理网格中均有保留建筑，这是校园布局重构的重要线索。

经过 20 多年的运行使用，既有的校园建筑群组已形成稳定的校园肌理与空间格局，设计尊重时间的痕迹，希望留存基地记忆。故而基于明显的基地肌理及多重设计要求，校园新秩序的重构显得水到渠成（图 2-6）。

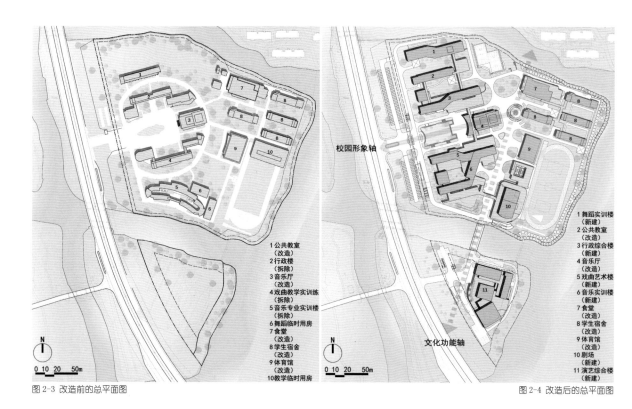

图 2-3 改造前的总平面图

1 公共教室
  （改造）
2 行政楼
  （拆除）
3 音乐厅
  （改造）
4 戏曲教学实训练
  （拆除）
5 音乐专业实训楼
  （拆除）
6 舞蹈临时用房
7 食堂
  （改造）
8 学生宿舍
  （改造）
9 体育馆
  （改造）
10 教学临时用房

图 2-4 改造后的总平面图

校园形象轴

文化功能轴

1 舞蹈实训楼
  （新建）
2 公共教室
  （改造）
3 行政综合楼
  （新建）
4 音乐厅
  （改造）
5 戏曲艺术楼
  （新建）
6 音乐实训楼
  （新建）
7 食堂
  （改造）
8 学生宿舍
  （改造）
9 体育馆
  （改造）
10 剧场
  （新建）
11 演艺综合楼
  （新建）

图 2-5 校园改造前西北侧鸟瞰（黄璐 摄）

图 2-6 新建与保留建筑标识图

图 2-7 重构面向二环西路的校园主入口整体形象（赵强 摄）

保留面向二环西路的主入口形象。进入主校门，为了加强音乐厅的主体地位，在其西侧面向主广场加建入口棚架，广场南侧临水新建的是戏曲及音乐艺术楼，北侧是新建的行政综合楼，两者以曲线形体环绕音乐厅。再往北是保留的公共教学楼、新建的舞蹈实训楼，整个教学实训组团布局在原有肌理上发展、复原并激活了东西方向的校园形象主轴（图 2-7）。

顺应生活运动组团的空间肌理，在体育馆南侧加建了一座剧场，与南侧新征用地的演艺综合楼相呼应。剧场成为艺校和演艺集团的共享功能区，满足了两个单位的共同期望（图2-8）。

东西片区的布局不是简单地沿袭原有校园肌理，而是对边界形态、空间格局的重新对接与构建。

通过校园入口广场的重塑以及两大片区交汇处的圆形文化广场、南北步行街区、各处建筑之间开放空间的渗透，有机融合了整个校园空间架构，由此进一步凝练出校园独特的双网格空间形态特征（图2-9、图2-10）。

2.1.2 互融互动统筹全局

立足于此地、此时，营造此境、此情，更关注场所空间能否与使用者的行为、体验、情感、意识产生共情。

设计将校园机动车流线设置在外围，内部实现校园全域步行化。广场、连廊、院落、平台等在校园不同功能区之间构建了多维度的联系，使师生在各个时间段的行为流线得以串联，营造了无处不在的教学、交流、休闲空间。

校园主广场的下沉绿地由一圈台阶围绕，师生在此可坐可停留，正面的音乐厅放大了入口台阶，并加建醒目门廊，不仅仅是为了强化音乐厅的主体形象，更是为了使大台阶与门前小广场成为戏曲专业学生的室外课堂或排练的舞台（图2-11）。

基于师生行为及艺校教学模式分析，教学组团由一条连廊南北贯穿，将戏曲与音乐专业设于教学南区并共用理论教室，名师工作室与教学场地贴邻，教师琴房与学生琴房共处，琴房与剧场就近设置，均可潜移默化地改变学生的学习方式，促进不同专业学生之间的互补，激发师生们的创作灵感（图2-12）。

图2-8 校园文化功能轴（赵强 摄）　　图2-9 沿校园文化功能轴的教学楼与小剧场（赵强 摄）　　图2-10 西侧鸟瞰（赵强 摄）

图2-11 音乐厅入口台阶与门前小广场（赵强 摄）　　图2-12 东侧鸟瞰（赵强 摄）

图 2-13 南北步行街区（赵强 摄）

图 2-14 从南北步行街区看教学楼（赵强 摄）

图 2-15 从东侧的亭山看校园改造后的整体效果（赵强 摄）

教学组团和生活运动组团之间是南北向的步行街区，串联起宿舍、食堂、教室、体育馆、专业楼、剧场，几乎汇集了整个校园的所有功能，使上课、下课、排练、演出、就餐、休闲等多种事件行为就近发生。

设计力求构筑这样的情境：课间，成群的学生生机勃勃地赶往各自课堂；课余，学生三三两两在这里交谈、嬉闹；清晨或傍晚，戏曲专业的学生甚至在路边某个角落练功，旁边剧场的排练

厅有铿锵的锣鼓声传出，南端的琴房则响起悠扬的钢琴曲。

场所与人的活动共融、人与环境共情，这是校园空间重构的重要目标（图 2-13、图 2-14）。

2.1.3 自然而然生发形态

作为重要的新建建筑，剧场与演艺综合楼在校园新空间营造中成为点睛之笔（图 2-15）。

剧场的西侧采用平直的界面回应了校园南北向的文化功能轴，二层有平台和连廊与教学南区的琴房区相连，锈红色的穿孔板似舞台帷幕，朝步行街区及城市方向打开。从南往东是圆弧形的转角，外立面从由杆件包裹的玻璃幕墙向竖向划分的铝板过渡，成为运动场上师生活动的背景。屋顶呈反向渐变的曲面，适度消解了舞台体量的高耸与刚性（图2-16~图2-19）。

南侧演艺综合楼用地不规则且功能复杂，形体生成兼顾了城市、校园、自然的多维关系（图2-20）。设计以一个整体基座来容纳着各类设备、仓库与辅助功能空间，并通过大台阶与周边地面衔接。基座之上以南侧的博物馆、北侧的办公、东侧的宿舍形成三个墨色体量，并穿插若干浅色的功能体，以此回应各个朝向的不规则界面。内侧以玻璃幕墙形成犹如峡谷流水般的弧形开放空间，容纳餐厅、排练厅等多个体量，并向城市与水面方向打开视野（图2-21~图2-24）。

演艺综合楼的中心排练厅主体量包裹着由绍兴传统花窗演变而来的半透明表皮，通过现代工艺营造传统建筑意趣。多个不同尺度、高程的户外平台作为复合型功能空间的延展，为演艺综合楼提供了丰富的互动交流空间。

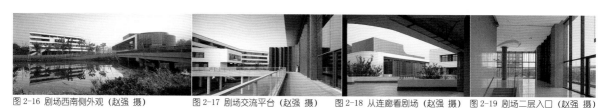

图2-16 剧场西南侧外观（赵强 摄）　　图2-17 剧场交流平台（赵强 摄）　　图2-18 从连廊看剧场（赵强 摄）　图2-19 剧场二层入口（赵强 摄）

图2-20 演艺综合楼东南侧鸟瞰（赵强 摄）　　　　　　　　图2-21 演艺综合楼西侧弧形开放空间（赵强 摄）

图2-22 演艺综合楼基座构成（赵强 摄）　图2-23 演艺综合楼临水景观（赵强 摄）　　　　　图2-24 演艺综合楼北侧外观（赵强 摄）

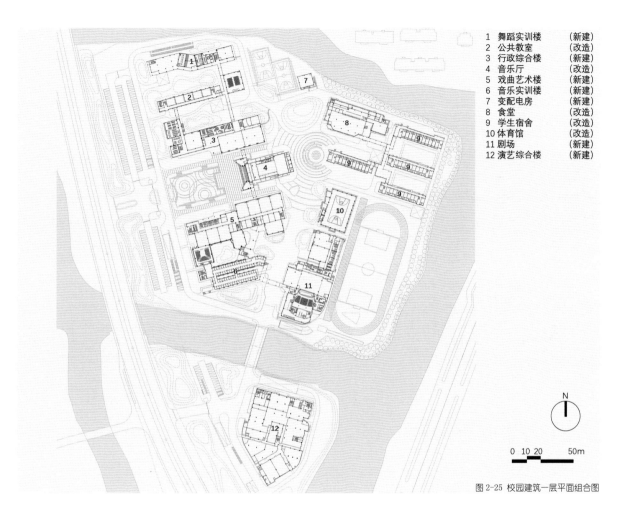

1 舞蹈实训楼   （新建）
2 公共教室   （改造）
3 行政综合楼   （新建）
4 音乐厅   （改造）
5 戏曲艺术楼   （新建）
6 音乐实训楼   （新建）
7 变配电房   （新建）
8 食堂   （改造）
9 学生宿舍   （改造）
10 体育馆   （改造）
11 剧场   （新建）
12 演艺综合楼   （新建）

N

0 10 20   50m

图 2-25 校园建筑一层平面组合图

对校园保留建筑仅做微改造，去除立面多余装饰构件后进行刷新，同时进行功能上的提升。

譬如，在宿舍底部增设集中门厅及风雨连廊，方便管理及使用；食堂东侧原淋浴间改为教师餐厅，提供就餐选择的便利；体育馆通过雨篷设置与剧场融合；音乐厅及公共教室结合新建建筑增设风雨连廊、大台阶、室外平台等，使新老建筑自然融合，实现校园的生机再续。

对于一所已有 20 多年岁月积淀的校园而言，新的设计营造动作是对原有秩序的"扰动"和"再平衡"，通过对在地要素的梳理、重构，形成了新的场所意义，构建了新的校园空间生命体。

江南水乡、戏剧之乡的地域特征，艺术院校的人文气质都为新校园预留了特别的基因。新校园根植于原初校园肌理呈现自然生长的态势，新老建筑与开放空间通过庭院、连廊、平台及大台阶形成多维度连接、多层次渗透、多尺度共享，弧面错落流畅飘逸，方形体块沉稳凝练，整个校园仿佛是一曲高山流水般的优美乐章，顺势而为，一气呵成（图 2-25）。

图 2-26 湖州市南浔制单厂宿舍改造提升项目沿百间楼方向视图

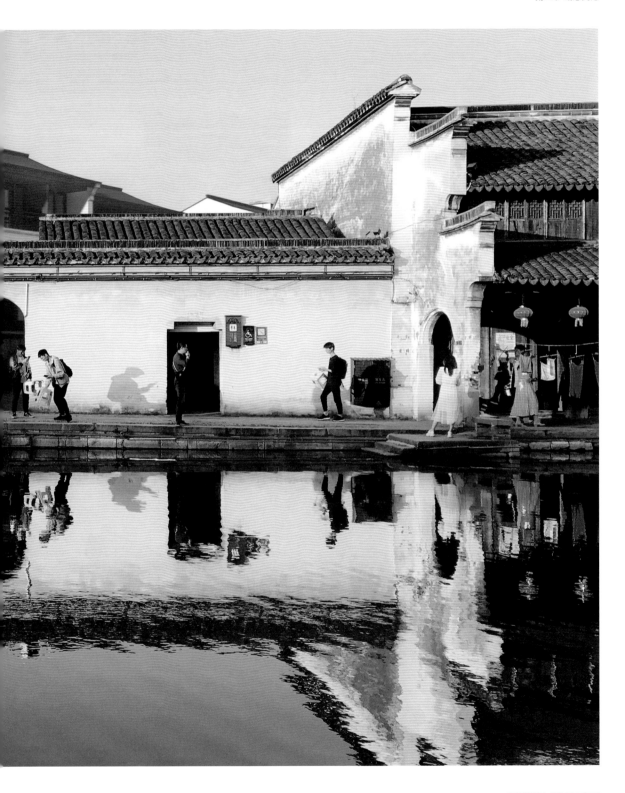

时间视域中的传承与创新

2.2 新旧共融

人们对建筑空间的需求，总是多种多样且动态变化的。生活的多样性以及人们在环境中的行为和心理特点，决定了对建筑空间的要求也必然是多样的，这不是通道式和孤岛式的开放空间能够满足的，其中必然涉及对社会文化变迁的感知。新建筑的设计与落成，其实也提供了一个改造基地环境的机会，这正是为新建筑与老基地环境相互渗透提供了一个展示舞台。

南浔古镇地处长三角核心腹地，以丝绸闻名，素有"文化之邦"和"诗书之乡"之称，是中国首个被列入世界文化遗产名录的江南古镇。湖州市南浔制革厂宿舍改造提升项目位于南浔古镇旅游核心区边缘，北侧为湖州市南浔水晶晶文化创意产业园，南侧为百间楼民居群，东侧为南浔古镇宜园遗址。

南浔制革厂的6幢宿舍楼建于20世纪80年代，建筑风貌与南浔古镇总体样态格格不入。随着古镇保护更新区域的扩大，南浔制革厂宿舍基地被纳入其中，整体提升改造借势推进。项目总用地面积5862㎡，总建筑面积7600㎡（图2-26、图2-27）。

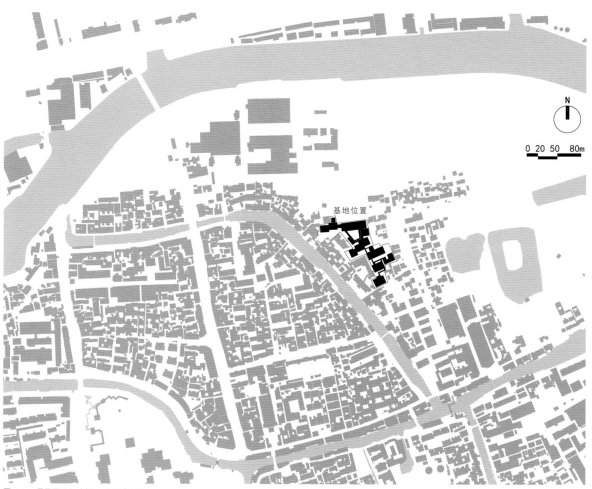

图 2-27 项目区位与古镇肌理关系分析

图 2-28 基地里的宿舍楼群与周边老建筑的既有空间格局分析

图 2-29 总平面图

1 一号楼
2 二号楼
3 三号楼
4 四号楼
5 五号楼
6 六号楼
7 七号楼
8 多功能厅
9 主庭院

0 10 30m

图 2-30 西北侧鸟瞰图

2.2.1 保留延续古镇肌理

项目基地非常不规则，四周为南浔古镇传统古建筑群落，设计在布局上对 6 幢宿舍楼的位置基本不做改变，着力于顺应古镇整体肌理让改造的建筑群组与周边传统群落共同营造出不同尺度的序列空间（图 2-28、图 2-29）。

设计以激发游客、住客以及当地居民等不同使用者的情感共鸣为初心，在外部界面上延续南浔传统民居气质，在建筑室内营造极简的风格，使淳朴的旧与时尚的新、传统的形制与现代的舒适、乡村的闲适与都市的品质共存，给人们带来似曾相识而又新鲜雅致的情境体验。

通过围墙、建筑界面和周围传统建筑群落形成广场、街巷等空间，复原传统生活场景，打造多样的景观节点，协调好改造的建筑群组和百间楼景区、南浔水晶晶文化创意产业园以及南浔古镇宜园遗址的关系（图 2-30）。

图 2-31 模型分析

图 2-32 主庭院北侧透视图

2.2.2 串联辐射多重流线

本提升改造项目的功能定位也是动态变化的，最后被确定为老年公寓。在古镇的环境背景下，设计重新梳理古镇游客、老人居住与护理、后勤流线，合理规划新老建筑功能及流线。

原始周边的交通条件仅有北侧可进入园区，针对机动车流线分析，设计协同业主在地块东侧报批新增一处交通出入口，在满足场地消防通行的同时也将老人和后勤的出入口进行了分离。

在老年公寓内部通过流线来组织功能，串联起园区内的不同空间节点，并向周边辐射。序列化的不同尺度的院落在组合与对比中，共同演绎江南传统园林的意趣（图 2-31、图 2-32）。

为了让住客充分感受自然山水和古镇景观，零距离地体验江南水乡的趣味，设计采用边界模糊、动态变化的界面组合。不论是建筑内外，几乎所有的走道、连廊都是连续、开放的，住客在任何路途中都将置身于移步换景的优美风景中（图2-33）。

同时，设计通过新置入的公共体块及风雨连廊系统，将散落式公寓与新补充的接待厅、餐厅、多功能厅、健身房等配套服务设施组合，重构一个完整的老年公寓群落，既能唤醒使用者对历史和传统的回味，又能享受公寓的舒适和便捷（图2-34）。

图 2-33 休闲广场入口透视图

图 2-34 中部内庭院鸟瞰图

图 2-35 西南侧鸟瞰图

图 2-36 庭院主要点景树配置分析图

图 2-37 主庭院南侧透视图

2.2.3 渗透织补古镇环境

由于基地的不规则和既有建筑间距的狭小等因素的制约，除了基地的北侧与西北角外，其余建筑观景面都相对局促。针对有限的条件，设计在基地内部因地制宜地来造园创景，使基地内外景观渗透连贯，更好地实现与古镇的共融。

原初的宿舍楼群在尺度、风貌上都比较突兀，设计采用削减建筑层数、平屋面改坡屋面、优化立面材料、改善尺度细节等手法，让建筑群组以织补的方式融入古镇。改造后的建筑群组与周边古建筑彼此咬合，与百间楼景区相互借景，共同编织出优美的整体建筑天际线，彰显南浔古镇特色（图2-35~图2-37）。

此改造提升项目力求加强当地居民对古镇的认同感，激发出大家对古镇历史与传统文化的自豪感。同时，希望此项目为老年人打造一个全新的养老场所，展现江南古镇的魅力，充分体现老吾老以及人之老的情境构筑。

2.3 演进的辩证性

随着我国经济腾飞，持续多年的快速城镇化和城市扩张建设后，城市发展的重心正逐渐从增量拓展向存量优化转变。2017年住建部正式提出各城市全面开展生态修复、城市修补，优化人居环境，推进城市发展转型，建设宜居和谐、充满活力、独具特色的现代化城市，让群众有更多获得感[1]。

在城市更新和发展过程中建筑与周边环境和社会之间应形成一种相互依存、相互促进的关系，新老之间从肌理文脉、功能流线、空间环境、形式风貌等多方面进行融合，以多个维度对场地内外进行整体性空间互融，全面激发片区活力，使其健康有序地演进，这有助于保留城市的历史记忆和文化特色[2]。

"共融"强调的是在多样性的环境中，不同的个体或群体能够和合共生、相互包容，并通过相互依赖和互补来实现生态平衡和城市可持续发展，更多体现在物理环境的层面。"共情"是在人与人、人与物之间建立情感共鸣，在建立共情的基础上，人们可以更好地理解和回应彼此的需求。共融是共情的物理基础，共情是共融的情感目标，两者合一，即是"建筑、场地、人"的合一，这也正是更新改造的理想目标。

在生态修复、城市修补的过程中，"共融与共情"是不断递进、循环往复的动态过程。我们今日看到的传统，都曾是昔日之创新，且是今日创新的台阶。希望在每一次打破平衡和构建新的平衡过程中，新老得以"共融"，使用者得以"共情"，在时间视域中不断进行传承与创新的思辨，打造和谐的人居环境，这也正是动态变化中情境构筑的理想目标。

---

1 转变传统"推倒重建"的方式，由政府更精准化地提供公共服务，鼓励保护优先。参见：中华人民共和国住房和城乡建设部. 住房城乡建设部关于加强生态修复城市修补工作的指导意见[S]. 2017-3-6.
2 通过肌理文脉、功能流线、场所环境、形式风貌等方面的"共融"，力图与使用者的行为、体验、情感、意识产生"共情"，进而打造山水人城和谐相融的诗意空间。参见：金楚豪，劳燕青，陈泽，陈舒扬. 共融与共情——基于"城市双修"理念的更新改造[J]. 世界建筑，2023(8)：71-75.

第 三 章
多 元 包 容
文化视域中的材质与营造

图 3-1 云栖小镇国际会展中心东侧滨水景观

文化视域中的材质与营造

图 3-2 从主入口看中央活动大厅（赵强 摄）

多元,指多样的、非单一的,对应的是建筑设计中多种多样的诉求及其可能得以满足的样态。对建筑所关联的诸多物质与精神上的诉求,需要依托相应的材质与营造来实现。包容,则是指宽容、容纳,对应的是建筑设计的成果。这里有两层意思,宽容意指包容的意愿,容纳意指包容的能力[1]。

承认并接纳各个专业系统间的差异,建筑才能有效应对动态变化的外界因素,将不同的技术措施整合到一起,在构成上体现建筑所处环境的发展逻辑,能够适应环境发展的方向并具有持续调整的可能。就设计团队或者更高层级的组织而言,在文化视域中辨析材质与营造,就能够更好地体悟多元包容的内涵与外延。

有包容之心,让多元得以滋长,多元的样态又反向提升了包容的能力,二者相辅相成,为情境构筑提供空间与条件。

3.1 质构相谐

材质是建筑空间存在的基础,同样的材质在不同条件下可以营造出不同的建筑形态,同样的形态在不同条件下可以体现不同的材质效用[2]。

传统的建筑营造方式是以特定地方的自然材料进行现场手工加工为主的,而如今尽管在建设流程的末端工序中仍在现场施工,但材料加工已更多地远离施工现场进行预加工了。所以传统建筑大多只是在一个小范围内趋同,而现代建筑则在全球范围内趋同;正如传统社会中人们大多在乡里沟通,如今都是在世界这个地球村里沟通。

---

1 建筑设计中的各种诉求是非常多元的,这些诉求互相影响,彼此制约,但是绝不应是敌对关系。没有哪种诉求比另一种更加高级或优越,只有应对诉求的解决方式是否合适和巧妙,使建筑不是被动接受,而是主动包容,各种诉求最终达到一种平衡。参见:许逸敏,李宁,吴震陵,赵黎晨. 技艺合一——基于多元包容实证对比的建筑情境建构[J]. 世界建筑,2023(8):25-28.
2 建筑材质与营造演变可归纳为同质同构、同质异构、异质同构、异质异构等不同方式,须结合所要面对的具体情况进行具体分析。参见:吴震陵,李宁. 有容乃大 建筑聚落空间的形质研究[M]. 北京:中国建筑工业出版社,2023:4-5.

由于时代的发展、科技的进步与人们对美好生活的向往，在材质发展了的同时，必须有新的空间营造与之相适应。云栖小镇国际会展中心项目实践从材质与营造的平衡角度来展开，项目总用地面积28439㎡，总建筑面积20150㎡（图3-1~图3-3）。

云栖小镇地处杭州之江国家旅游度假区的核心区块，四面环山，碧水中流，"云栖竹径"是杭州著名景点之一。云栖小镇国际会展中心作为云栖小镇每年举办的杭州云栖大会永久会址而建，是省、市、区三级政府着力打造云栖小镇成为互联网经济特色小镇的第一步。

3.1.1 云栖筑梦

该项目最初让设计团队感受到的最大压力就是工程进度，从设计到施工只有三个月时间以及合同中关于延期的各种制约条款使得团队对设计的生死时速有了一种真真切切的体验。

中标当天，设计团队便开始与作为联合体的施工单位统筹协商，共同制定设计与施工的进度计划，明确了总体进度组织构架与责任细则。在设计的初始，就同步与施工单位的技术人员沟通细部节点做法，在方案设计阶段就为保证按时完成建设任务打下坚实基础。

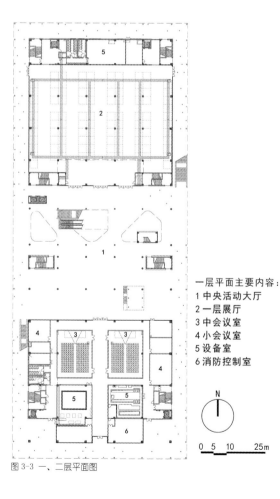

一层平面主要内容：
1 中央活动大厅
2 一层展厅
3 中会议室
4 小会议室
5 设备室
6 消防控制室

N

0 5 10   25m

图3-3 一、二层平面图

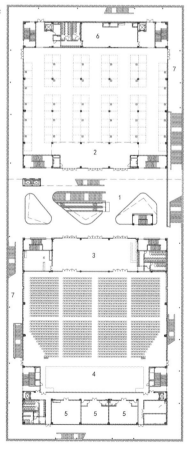

二层平面主要内容：
1 中央活动大厅
2 二层展厅
3 多功能厅前厅
4 多功能厅
5 贵宾休息区
6 设备室
7 外廊

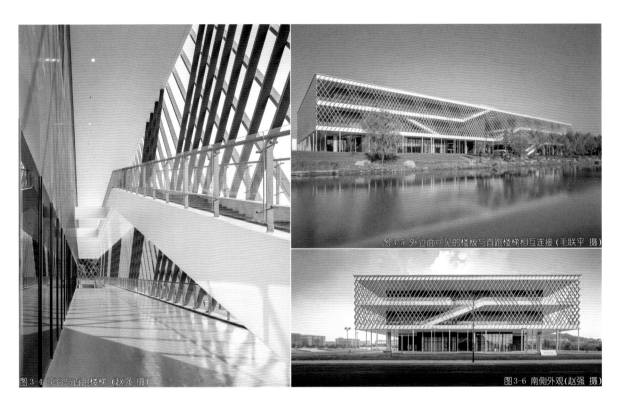

图3-4 平台与直跑楼梯 (赵强 摄)

图3-5 外立面可见的楼板与直跑楼梯相互连接 (毛联平 摄)

图3-6 南侧外观(赵强 摄)

会展中心基地南依鲤鱼山北麓，东临主干道科海路，建筑轮廓顺应基地取方整的长方形体量，长边为东西朝向，主立面朝东展开，面向城市主干道形成极具云栖特色的形象展示面。基地主入口面向河山路设于北侧，次入口则面向规划一路设于南侧，南北两侧的主、次入口对应区域则形成带状的景观主广场，有序地将人流引至建筑主入口区域。

设计力求营造一座有别于传统会议展览项目的、非典型性的会展中心，将极富寓意的古代祥云符号抽象成建筑语汇融入到漂浮的形体之中，也呼应了"云栖"的意趣。

在各楼层外均设置了宽大的出挑平台 (图3-4)，希望借此能给人以一种舒展感，同时各层楼板与直跑楼梯之间交错组合，给人以云卷云舒的意象 (图3-5、图3-6)。

3.1.2 竹径论剑

设计中同时引入"竹"的元素，取其坚韧挺拔、虚怀若谷与质朴超然之气质，这也是对"云栖竹径"的一种回应。立面上斜向交织的金属杆件，在界定建筑轮廓的同时，能够让人联想起互联网与竹海的意向。

在建筑色彩构成上，建筑外立面及装饰杆件正面取"云"之白，所有装饰杆件朝下的面取"科技蓝天"之蓝，朝上的面取"竹径"之绿，内部主体空间界面取"产业黑土"之深色，将设计理念与云栖小镇的建设主题紧扣。

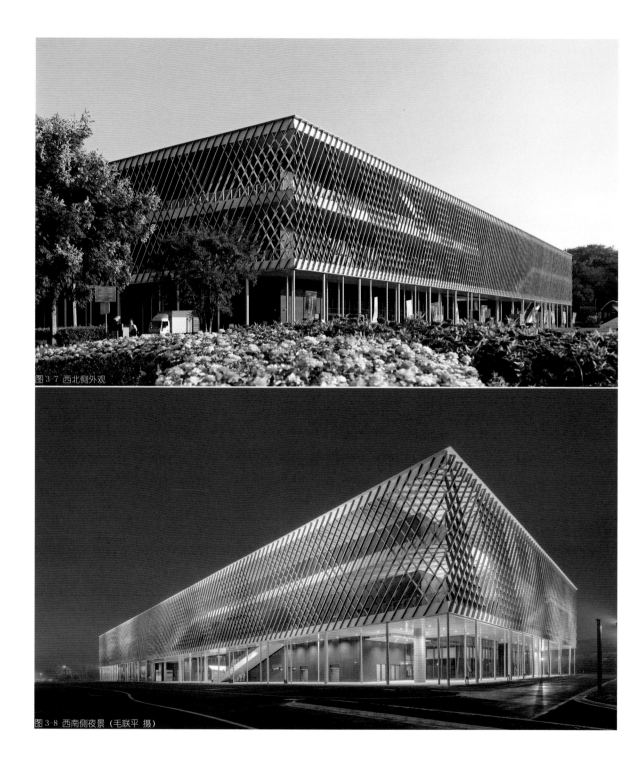

图 3-7 西北侧外观

图 3-8 西南侧夜景（毛联平 摄）

当人们沿科海路经过的时候，随着视角的变化，建筑立面将在蓝、白、绿之间产生韵律性的色彩变化，在传达寓意的同时给人留下深刻的视觉印象（图3-7、图3-8）。逻辑清晰的楼层平台与外部步移景异的幕墙色彩能够相互渗透，同时保证在视觉上不存在彼此破坏的情形，从而在立面上实现建筑的透明感。

内部大空间中疏密有致的立柱如"竹林"，"竹林"中散布着各种功能服务用房以及攀岩墙，使这里能够聚集人气，营造一个容易发生学术"论剑"的场所，并增加建筑的趣味性（图3-9）。

会展中心由会议与展览两大功能组成，整体分为南、北两区来对应这两大功能模块。南区一层为中、小会议区，二层为两层通高的主会场；北区一至三层均为展览厅；南、北两区中间区域为中央活动大厅（图3-10~图3-12）。

建筑整体采用钢框架结构，所有钢构件均在工厂进行模数化预制生产加工，搭接方式均提前通过电脑拼装模拟。采用南、北两大体块布局，中间仅通过敞廊平台连接，其意图也在于考虑施工尽可能分区同步进行，以加快建设速度。

图3-9 从攀岩墙仰视屋顶天窗及从内部大空间看攀岩墙与疏密有致的空间立柱（毛联平 摄）

图3-10 在一层看中央活动大厅（赵强 摄）

图3-11 在二层看中央活动大厅

图3-12 丰富的空间层次（毛联平 摄）

在整个设计进度安排上，在完成桩基、基础设计的同时，钢结构计算和加工优化同时展开，在施工单位技术人员和设计师的协同工作中，不断化解钢构生产、施工与设计之间的矛盾，有效地利用桩基及基础施工时间进行钢构件的工厂加工。与此同时设备专业先提出设备与材料表供施工方备料与订购，并在钢结构吊装期间完成设备专业的施工图设计，期间同时配合施工需求提出管线预埋及设备留洞图纸。

室内设计中，墙面、顶棚选用击孔铝板、装饰硅酸钙板等以工厂加工、现场挂装为主的材料，地面选用石英塑胶地板、方块地毯等材料，展厅、大会议厅等主要空间顶棚为开放顶，设备管线安装整洁、有序，并进行统一的深色涂料饰面（图3-13）。

景观设计以控制大效果、衬托建筑主体为原则，兼顾施工的快速、便捷。总体环境布置以草坪、沥青广场、人造石铺装为主材，在出入口等主要节点进行乔木植栽、花卉装饰，并整改东侧原有的沿河绿化带，使建筑融入滨水景观中（图3-14）。

幕墙设计以铝板、玻璃幕墙为主，在立面装饰斜杆的技术优化中进行多方案、多材料比选，选定为内部方钢管外部彩色铝扣板饰面。中央大厅中斜杆跨度达20多米，设计圆满解决了内外层如何连接、如何形成整体网状结构、与主体结构如何衔接等技术难点，确保安全与效果的完整体现（图3-15）。

图3-13 深色面层的室内大空间可根据不同活动的需求进行灵活布置

图3-14 建筑隐映在滨水草植坡中

图3-15 从中央活动大厅看外侧斜杆幕墙（毛联平 摄）

图 3-16 架空大厅中移动的盒子（毛联平 摄）　　　　　　　　　　　　　　　　　　　　　　图 3-17 架空大厅中悬挂的盒子（毛联平 摄）

3.1.3 方寸不乱

在一个设计和建造时间如此紧张的工程项目中，最令建筑师担心的，便是项目施工的完成度控制，这也是设计要求与施工进度寻求平衡所不能忽视的立足点。

"平衡"不是妥协或折中，不是放弃原则，恰恰相反，"平衡"其实是深层次"真实"的外在表现。

设计方案若过于复杂，导致施工难度大，建设进度慢，便无法满足业主按时交付使用的要求。但若为了施工简便、进度紧张等外在因素而一再简化设计，舍弃原有理念，也不是完成一件建筑作品应有的姿态。因此，采用方正简洁的建筑造型、模数化的建筑构件、利于分区施工的平面布局等一系列步骤，正是精确把控建筑质量、平衡设计与施工的基石。

建筑师每天值守现场很辛苦，但这是控制材质与营造完成度最有效的方式。同时每天下午定时在现场举行业主、监理、设计和施工的四方例会，整理每天的问题、协调解决问题的方式、安排下一步计划、督促各方磨合的进展，这些工作有力地保证了项目施工有序、高效地进行。

然而，一旦一切以进度为目标，就会产生各种矛盾，不仅发生在设计与施工之间，也会发生在设计与业主、监理之间。这时设计方有时会显得孤立，而这时候唯有设计团队的坚持与协调才能保证设计理念、细节构造的高完成度。

比如南北区块之间是中央大厅，这是一个架空通透空间，相比传统会展建筑的宏伟大厅，该项目更希望在这里营造一种小镇的氛围。接待中心、咖啡吧、超市等配套用房都将以盒子的形式被随意安放在架空区域，或放置、或悬挂、或敞开，人们可以像逛集市般在这里自由穿梭，甚至可以在这里举办一场小型的学术沙龙。建设期间，由于业主对建设速度的担心，这些盒子曾一度被要求取消。但为了实现项目的初心，执着的设计团队没有放弃最初的梦想，经过多方协调，最终"盒子们"得以保留并在展会中呈现良好的使用效果（图 3-16、图 3-17）。

这是一个特殊的项目，如何高效地组织设计、平衡设计与建造、按时保质地交付，可以说是一次前所未有的考验。尽管在建设过程中也暴露出一些令人两难的问题，但为了项目完成度，建筑师和施工人员都必须在坚持与妥协间平衡，把诸多矛盾的作用合力引导到从"项目初心"到"圆满落成"的良性轨道上。

此项目作为鼓励"大众创业、万众创新"双创精神的优秀案例，已经举办了多种形式的活动并得到广泛好评和认同，这是对设计的最大肯定，也是辛勤付出之后最好的回报（图3-18）。

图 3-18 举办云栖大会时的场景

文化视域中的材质与营造

图5-19 浙江黄龙体育中心室内训练馆西侧夜景（章勇 摄）

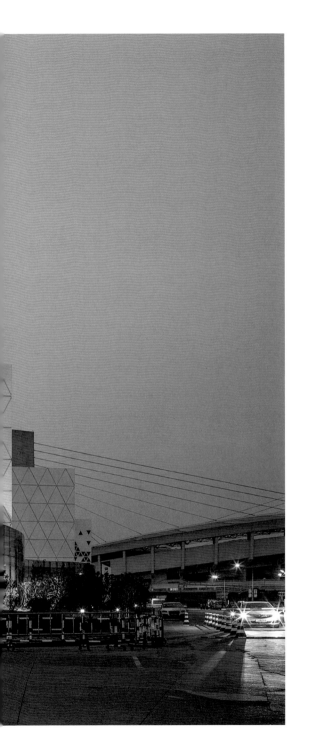

3.2 柔性对话

"和而不同"是追求内在的和谐统一，而不是外表的相同和一致。"和而不同"正是对"和"这一理念的具体阐发，讲的是在不同中寻找相同或者相近的因素。设计要追求和谐，为此包容差异，在丰富多彩中达成和谐；若总是强求一致，往往会因容不得差异而造成对立冲突[1]。

比如用乱石砌墙、碎石铺路，乱石与碎石原本奇形怪状、各不相同，但纳入墙、路这样的整体，则变化与统一相得益彰。"和而不同"所表现出来的文化宽容与文化共享的情怀，不仅具有哲学、伦理价值，还具有思想方法、工作方法的意义。

面对周边建筑形态复杂多样的现状，不追求奇特的造型、与环境形成"柔性"对话是一种有效的设计策略。浙江黄龙体育中心室内训练馆的设计通过递进的体量分解、圆弧形玻璃院墙的设置，营造了一个静谧、安全的运动场所，塑造了轻松、灵动的建筑形象，从而达到了与环境友好相处的设计目标。项目总用地面积37100㎡，总建筑面积18053㎡（图 3-19、图 3-20）。

3.2.1 黄龙基地的解读

浙江黄龙体育中心位于杭州黄龙洞风景区旁，体育场、体育馆、网球中心暨老年体育活动中心、游泳跳水馆等已相继投入使用，室内训练馆主要功能为室内网球训练场，配建壁球、乒乓球和健身等室内训练设施，并设置相应的休息室、更衣淋浴室以及康复中心等体能恢复和训练配套功能。项目的建设可充分满足高级体育赛事训练服务和网球等训练、健身、休闲的需要，并将进一步完善整个黄龙体育中心的功能。

浙江黄龙体育中心从最早的 6 万人体育场开始，已陆续建成

---

1 建筑的趋同绝不意味着建筑文化多样性的丧失，以现代科技为基础的现代建筑具有比任何传统营造更大的可塑性，这就为建筑创作提供了无限的想象空间和建筑原创的余地，关键在于如何辨析"和"与"同"。参见：董丹申，李宁. 知行合一　平衡建筑的设计实践[M]. 北京：中国建筑工业出版社，2021：86.

了 8000 座的体育馆、5000 座的网球中心等一批大尺度的体育建筑群组，因为地处城市区域中心，除了各类体育建筑，其中还有大量的商业、商务、娱乐等配套功能。

室内训练馆的基地位于黄龙体育中心二环道与西北大道交叉口的东侧，处于黄龙体育中心的西北部，西南隔着西北大道是网球中心暨老年体育活动中心，东南邻接主体育场，基地的边界呈不规则三角形。

体育建筑作为城市重要公共设施，形式日见雷同与华丽，同时因为运动、比赛、观演功能，往往空间集中、形体高大。而黄龙体育中心室内训练馆不是一个比赛性质的体育竞技场馆，作为黄龙体育中心训练服务和高端群体健身休闲的定位，使建筑有了个性化表达的前提。因此，轻松一些、干净一些，以"柔性"的策略与周边环境进行对话，在复杂多样的城市街区中反而会显得均衡而灵动。

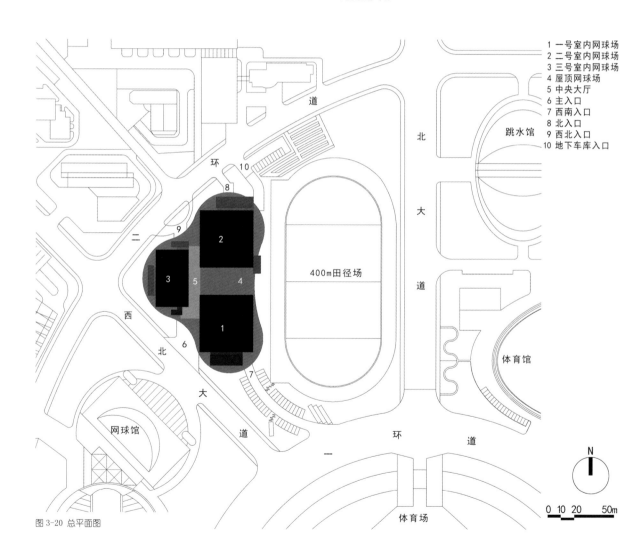

1 一号室内网球场
2 二号室内网球场
3 三号室内网球场
4 屋顶网球场
5 中央大厅
6 主入口
7 西南入口
8 北入口
9 西北入口
10 地下车库入口

图 3-20 总平面图

图 3-21 形体组合模型分析

3.2.2 闹中取静的过渡

基地西北侧的黄龙体育中心二环道已成为一条城市道路，车来车往，流量巨大。由于建设用地局促且不规则，建筑势必会紧靠仅要求后退 5m 的建筑控制线作最大化布置。

室内训练馆作为网球训练及健身休闲场所，如何在这样喧闹的城市环境当中营造一个静谧、安全的运动场所？如何让原本追求阳光与休闲的网球运动与自然结合？如何使得人们在场地内运动时，视线所及还能有绿树和自然光线？这些思考是设计始终关注的重点。

中国传统建筑体系本质上是一系列"墙"的体系，由墙围成的内向空间是构成中国古代生存环境的最小单元，这个空间可以理解成被称为"院"的那个空间。墙外市井中车水马龙，但在院墙之内、黛瓦之下，却是鱼戏莲叶的悠闲、满地蕉荫的恬静。

为了将各类杂乱的场地因素相融并激活，同时能营造一方天地，设计从传统建筑体系中获取灵感，最终采取了简单而积极的策略：先在项目用地上放置三个建筑体块，对应建筑"2+2+1"片网球场地的功能需求；进而在底层以纵向共享大厅为纽带将三组体块在内侧连成整体，作为健身、乒乓球、壁球、更衣淋浴等公共服务功能；最后，在底层三组体块外侧通过一道连续的弧形玻璃墙围合，在方正的建筑与柔和的院墙之间形成了室外与室内之间的过渡空间。大小各异、或围合或开放的庭院，营造出院墙间的安静场所氛围（图 3-21）。

图 3-22 玻璃院墙与富有雕塑感的白色体量组合（章勇 摄）

于是，城市的喧嚣被隔离在了院墙之外，室内的外面不再是嘈杂的"室外"，而是一片有绿树、阳光的舒适灰空间，运动健身的人们从室内可直接步入被玻璃院墙围合的庭院，在这里交谈或休息（图 3-22）。

3.2.3 以柔带刚的轻灵

基地西北侧二环道的弧形走向及西南侧的西北大道以黄龙主体育场为中心的放射状设置，使道路和周边地块及建筑都形成了一定夹角，街道界面复杂。

两条道路在用地西侧交汇，与南北向均是非正交关系，处理好项目与周边建筑及道路的形体关系是设计关注的另一个重点。

满足网球场地功能的三组体块方正、简洁，较好地化解了集中设置带来的高大形体对拥挤街区环境的压迫，"品"字形布局也契合了三角形场地。

楼梯间、休息间穿插在三组体块之间，形成大小递进的体量变化，进一步均衡了建筑形体变化。但方正的建筑实体呈现出明确的、保护性的界面，和外界的关系仍然是并立的，而底层连续弧形玻璃院墙的设置有效地柔和了边界的对立关系，使建筑面向城市界面不再是完全封闭的"硬墙"，而呈现出柔和、通透的质感（图 3-23、图 3-24）。

图 3-23 玻璃院墙柔化了边界的形态（章勇 摄）

图 3-24 沿二环路夜景（章勇 摄）

图 3-25 玻璃院墙内外的相互映衬（章勇 摄）

当建筑界面对城市环境给予积极的响应时，城市公共空间便容易获得一种生动的表现力和清晰的可识别性。玻璃的特性使之在界定的同时亦可通透，通透的同时亦可映照，使建筑界面与城市公共空间之间不是排斥而是相互映衬的（图 3-25）。

同时，玻璃院墙流淌在大小不同的建筑体量周边，犹如网球场上被网球撞击的球网，轻盈地表达了力量的柔性存在方式。

图 3-26 东侧迎田径场全景

局部内凹或者外凸又恰好形成了主入口的前场，同时形成了对东侧田径场大空间的视觉层次（图 3-26）。

训练馆分解、递进的体量使建筑显得并不强势，底层围合建筑实体的弧形玻璃院墙形成了对街角的谦和退让，在透与不透之间使建筑体量轻盈起来，从而使整组建筑与南侧网球馆、主体育场、街道等周边城市环境之间形成了"柔性"对话。

图3-27 主入口空间（章勇 摄）

文化视域中的材质与营造

由于项目用地局促，难于形成较大规模的入口广场，故而在南向面对西北大道一侧，通过建筑玻璃院墙流动内凹的方式，退让出一个南向主入口空间，既不破坏建筑的完整连续，也达到了适当放大入口广场的目的（图 3-27），并与对面老年体育活动中心的入口呼应。

建筑底层连成整体，由入口门厅及纵向直跑楼梯串联训练馆的各功能区（图 3-28）。

锻炼者可由西北大道主入口进入门厅，在服务台办理手续后在中心大堂可选择去北侧的健身中心、西侧的乒乓球室、南侧的壁球馆，或由直跑楼梯进入二层的各个网球场馆。

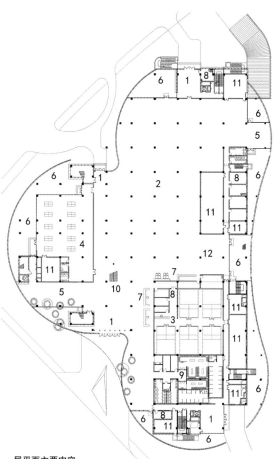

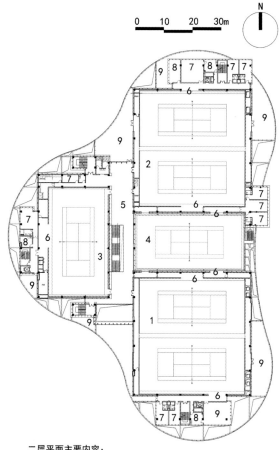

一层平面主要内容：

1 门厅　2 健身区　3 壁球馆　4 休闲乒乓球室　5 休息等候区
6 庭院　7 服务台　8 管理室　9 淋浴更衣区　10 直跑大楼梯
11 机房　12 休闲吧

图 3-28 一、二层平面图

二层平面主要内容：

1 一号室内网球场　2 二号室内网球场　3 三号室内网球场
4 屋顶网球场　5 中央大厅　6 休息等候区
7 休息室　8 管理服务室　9 露台

二层的网球训练中心有三个场馆，在南北两个场馆之间另有一片屋顶网球场。

三个场馆由中央休息大厅连接（图 3-29），也可以由各自的独立门厅及电梯分别到达，方便分时使用（图 3-30）。

建筑的生成必然受到环境、功能、材料、技术等方方面面因素的影响，训练馆的建筑形态清晰地反映出建筑的功能组合。建筑的底层通透而连续，上部三组网球场馆的体量构成了建筑的总体骨架，间或参插了若干配套功能的体块，中央以玻璃体休息大厅联系，建筑外墙以白色金属板饰面，形成雕塑感极强的白色体量组合（图 3-31）。

图 3-29 二层的中央休息大厅内景

图 3-30 二层网球场局部场景

图4.3.1 东南侧外观

训练馆上部的三个主要形体中，最大的两个场馆平面尺寸为42m×40.5m，但在整个黄龙体育中心群体中与其他粗壮、巨型的建筑相比则显得轻巧而灵动。

真正的比例概念是不能与体现它的细部设计相分开的。训练馆外立面的白色金属板采用平整度良好的蜂窝铝板，三个主要形体的外立面肌理由 3m 高的等边三角形构成，每个三角形又包含四个 1.5m 高整块板材的等边三角形。楼梯间、休息室等次一级形体采用 1m 高的等边三角形来构成，以金属板和玻璃两种材料互相交错编织。

1.5m 高的三角形整块板材之间采用了背后打胶、扣板覆盖的连接节点，以隐匿拼缝。3m 高的等边三角形之间采用开模定制的凹槽型材，强化线条的交接，以突出横向及斜交肌理 (图 3-32)。

在幕墙转角处，为了避免拼缝，减少施工误差，采用整块蜂窝铝材弯折而成。整个项目通过精心的细节构造设计及有效的现场控制，最终使简洁、轻松的建筑形象又呈现出丰富的细部表情。

从苏堤的如烟柳絮，到平湖秋月的淡泊宁静，杭州有着"包容通变、柔韧精进"的城市气质。在训练馆的设计中同样强调这样的气质，不追求奇特的造型，而是寻找合适的设计策略，使白色、灵动、简洁的形体如实地体现功能，轻松、友好地和周边环境"柔性"相处，安静内敛，引人回味，与复杂多样的环境形成了对比和均衡。在 2023 年杭州第 19 届亚运会中，训练馆与黄龙体育中心其他场馆一起圆满地经受了国际大赛的考验 (图 3-33)。

图3-33 多种饰面材料的材质组合及其肌理呈现

图 3-33 从黄龙体育场大平台远眺室内训练馆

文化视域中的材质与营造

在杭州的大街小巷，对比和均衡比比皆是，在温婉而内敛的气质下虽然没有那么强烈但也相当鲜明，这正是杭州的魅力所在，也是训练馆设计试图追寻的效果[1]。

黄龙体育中心室内训练馆在投入使用后，因为招商原因其内部配套功能有了一定变化，但训练馆独立的形体、灵活可变的空间，能有效满足新功能的植入。而网球训练、休闲健身的主要功能未变，吸引了周边市民的参与，有效地完善了黄龙体育中心全民健身的功能定位。

3.3 样态的丰富性

当下建筑的复杂程度与内容综合性已经迫使建筑设计所关联的专业与学科越来越广泛，建筑设计团队最应努力的是构建尽可能广泛的设计共同体，在文化认同层面使团队具备更有效地与各关联方达成共识的沟通能力[2]。

建筑设计与营造中的沟通是一种基于文化包容的对话与理解，相应地，在这种文化包容氛围中生成的建筑会呈现出丰富的样态。但文化包容绝非一句刻意标榜的口号，而是在建筑从虚拟走向现实的过程中自然流露出来的结果。

矛盾和变化引起的不同，是客观存在的。而谋求"和"，则是一个过程，一种努力的方向，需要在协同的统一目标下，通过合作、共享、共赢等手段来实现与维持，唯有不断在动态中把握平衡，永不停歇，方能不断趋近和合共生的样态。

多元包容，和而不同，让一切专业技术的协同充满人性的光芒与尊严，将文化、历史、艺术、传统等人文精神合一于建筑情境之中。

---

1 杭州从西湖时代走向钱塘江时代，城市精神也从精致和谐拓展到大气开放。参见：劳燕青，彭荣斌. 与环境"柔性"对话——浙江黄龙体育中心室内训练馆设计回顾[J]. 华中建筑，2020(12)：32-35.
2 建筑设计团队的文化土壤是设计创造力的基础，建筑创新是要在相对和谐的内外文化环境下才会被激发。参见：董丹申，李宁. 走向平衡，走向共生[J]. 世界建筑，2023(8)：4-5.

第 四 章
整 体 连 贯

系统视域中的匹配与整合

图 4-1 曲阜市东方海洋世界文旅项目东侧鸟瞰图

从建筑群组的角度分析，就必然关联到系统性的问题。建筑群组与社会组织一样，是一个综合系统，不仅包括群组框架和技术的因素，而且包括营造与运维管理、使用心理和社会人文方面的因素。群组中的单体之间既各自独立，又相互补充[1]。

在设计、施工乃至运维管理的过程中，这些单体都不是单独或孤立地起作用的，而是经过系统建构的，所以表现出来的都是协同分工、层级管理和群体行为，借助使用者的活动而成为一个连贯的整体。在建筑设计的分析与研究中，必须从系统视域中分析单体与群体、群体与基地匹配及整合的可行性与规律性，从而更好地指导建筑实践活动。

4.1 体用一源

建筑之"法"，是通过建筑之"象"来呈现出其意义与功效的，而建筑作为有形之"物"，生发于无形之"理"。在这个意义上分析，建筑设计也同样是我国传统哲学命题"体用一源，显微无间"非常生动的一种诠释。

建筑师是处理复杂问题的职业，"处理问题"意味着建筑师必须具备发现问题的能力，意味着必须不断进行分析、推演、求证。但建筑呈现只看结果，至于这个结果是否令"人"满意，取决于建筑师"处理问题"之"法"是否得当而有效[2]。

而这些"人"中，我们认为使用者一定是核心，所以在系统视域中考虑建筑群组的匹配与整合，须从基地环境的角度得其意而成其形，使建筑群组的生成自然而然。

---

1 新的建筑聚落是其上一个层级聚落的一个新生部件，在空间上植入了上一个层级聚落特定部位中，在时间上顺应着基地几千年来历史长河的延绵，进而，通过人的活动来与整体环境进行物质、能量以及信息等方面的交互，吐故纳新、继往开来。参见：吴震陵，李宁. 有容乃大——建筑聚落空间的形质研究[M]. 北京：中国建筑工业出版社，2023：3-4.

2 能通过技术来解决的问题都不是真正的难题，真正的难题是受限于造价、资金等诸多因素。建筑的呈现是各方平衡的结果，也许遗憾也是平衡的一种结果。参见：陈泽，劳燕青，张永青，张驰. 在地生长——严苛造价控制条件下江南典型乡村环境中聚落校园空间的营造[J]. 建筑与文化，2023(12)：34-36.

最终回归到人的需求与需求的满足，敏感关注围绕建筑而引发出的诸多矛盾，在偶然性中审视必然性，在可能性中推演现实性，最终通过形式和内容来表述现象和本质。

4.1.1 沂水舞雩的延伸

低碳经济时代，旅游业从观光走向深度文化体验，文化旅游正在成为朝阳产业。曲阜市东方海洋世界文旅项目的建设呼应旅游业转型升级的时代潮流，以曲阜深厚的孔孟文化为依托、以"文化+旅游"为联动开发模式，拟打造成现代海洋世界、科技展示与旅游共生互融的文旅项目。项目总用地面积128667㎡，总建筑面积65900㎡（图4-1～图4-3）。

曲阜是孔子故里。孔子行游天下，将自然山水人格化，提出了"山水比德"的观念："智者乐水，仁者乐山"。

曲阜多山，"阜"乃土山之意，"鲁城中有阜，委曲长七、八里，故名曲阜"。曲阜又多水，泗、沂两条主干河流自东向西横贯全境。设计从孔子"山水比德"观念出发，取意曲阜的地理地貌，以"山丘蜿蜒、水流长远"为意向，营造"沂水舞雩"的海洋文旅小镇。

项目基地位于曲阜南部，从城市区位与开发战略来说，属于孔孟大道西侧的一个重要节点。始于孔林的孔孟大道是曲阜的城市文化轴，项目总体布局以融入城市文化轴为目标。整个地块以中心南北向道路为界，西侧将打造成简洁现代的高端居住区，东侧为包括海洋世界、科技馆、展示中心、孔孟商业街和水上世界的文旅区。

图4-2 海洋馆入口透视图

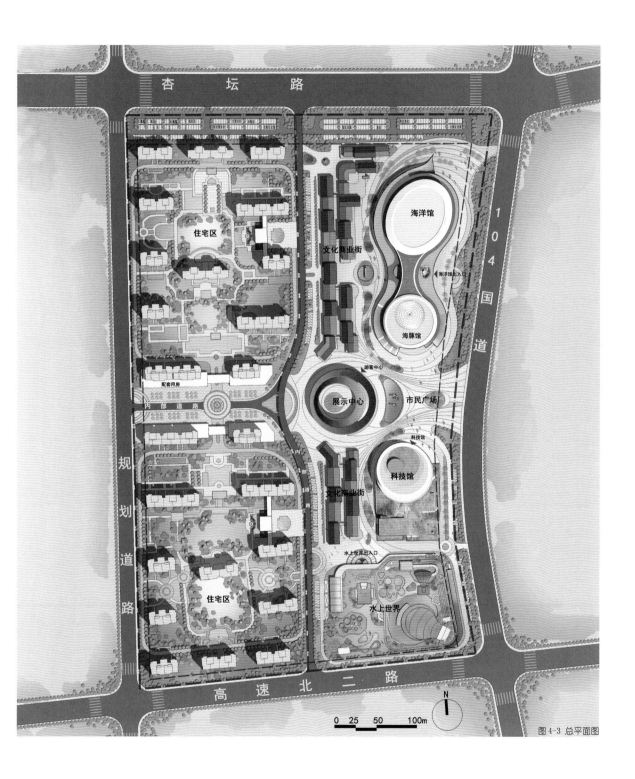

图4-3 总平面图

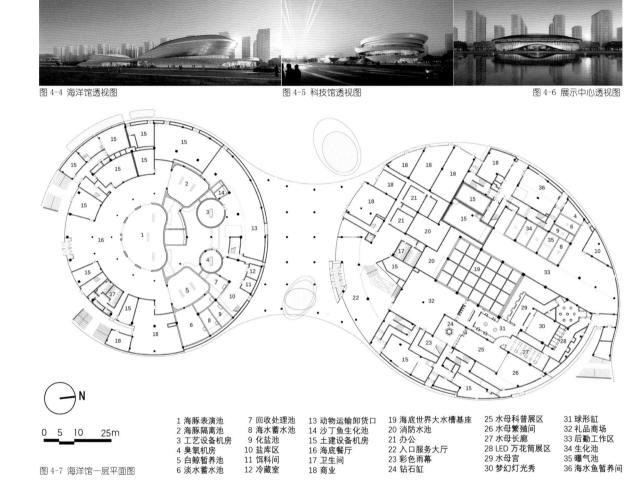

图 4-4 海洋馆透视图   图 4-5 科技馆透视图   图 4-6 展示中心透视图

N

0 5 10   25m

图 4-7 海洋馆一层平面图

1 海豚表演池	7 回收处理池	13 动物运输卸货口	19 海底世界大水槽基座	25 水母科普展区	31 球形缸
2 海豚隔离池	8 海水蓄水池	14 沙丁鱼生化池	20 消防水池	26 水母繁殖间	32 礼品商场
3 工艺设备机房	9 化盐池	15 土建设备机房	21 办公	27 水母长廊	33 后勤工作区
4 臭氧机房	10 盐库区	16 海底餐厅	22 入口服务大厅	28 LED 万花筒展区	34 生化池
5 白鲸暂养池	11 饵料间	17 卫生间	23 彩色雨幕	29 水母宫	35 曝气池
6 淡水蓄水池	12 冷藏室	18 商业	24 钻石缸	30 梦幻灯光秀	36 海水鱼暂养间

基于水上世界季节性开放的限制，规划将水上世界设置于地块南侧以独立成区。商业街沿内部道路南北向线性布置，在获得更多商业界面、使人流到达最便捷的同时，将沿城市主干道的界面留给了海洋馆、科技馆与展示中心。

为迎合来自北部的曲阜主城区人流，将最大体量的海洋馆置于文旅地块北侧，稍南侧设置科技馆。

同时，考虑到周边的人流将从 104 国道自南、北两个方向而来，将文旅区主入口设于沿 104 国道中部，正对主入口布置圆形的展示中心。

由此，以孔孟商业街为背景，海洋馆、科技馆、展示中心三大场馆以"龙凤戏珠"之势创造了一个具有欢迎姿态的门户形象和公众共享的市民开放广场，力求成为城市文化主轴上的重要节点和城市区域发展的活力"引擎"(图 4-4~图 4-7)。

主入口处的市民广场通过地面材料的铺设与光环境设计，如蜿蜒在山谷的流水一般连接起各个场馆，并通过舒缓的屋顶景观草坡、环通的漫步道、抬高的平台以及大台阶打造蜿蜒的山丘意向，以广场的开放性、空间的多维度、行为活动的多样化引导丰富的休闲社交模式，使这里成为与城市共享的市民公园。

白天，从市民广场的游客接待中心开始，有序的游览路线激活空间活力，在海洋馆看完演出的人们可以漫步到商业街休闲购物，也可以到科技馆观看科技展。夜晚，有演艺广场、灯光秀等夜游活动，室内场馆里的各类活动、商业区长长的街巷、广场上的慢跑步道、上上下下的坡地共同搭建了城市的公共客厅。

在曲阜，以灰砖檐廊、坡顶黛瓦为特征的建筑体系已作为一种文化符号深入人心。孔孟商业街的建筑风格依托当地传统建筑元素，在线性布局的街区中通过建筑体量的变化形成错落有致的空间氛围，这也是周边高校学生和市民休闲娱乐的开放场所，并期望成为城市文化旅游的特色名片（图4-8、图4-9）。

扎根传统文化的孔孟商业街、充满未来感的场馆、蜿蜒的坡地、自由蔓延的流水意向场地，如同时空隧道串联起历史、现实与未来。曲阜东方海洋世界文旅项目以文化为主线打造海洋生命主题的体验公园和星空科幻形象的科技展示，吸引各个年龄段的人们在体验传统文化的同时去探索生命的神秘、科学的神奇，营造孔子所向往的"浴乎沂，风乎舞雩，咏而归"的情境。

图4-8 文化商业街鸟瞰图

图4-9 文化商业街透视图

图 4-10 山东呼叫中心（潍坊）产业基地运营区 A 楼入口夜景（章勇 摄）

系统视域中的匹配与整合

4.1.2 单元模块的群构

山东呼叫中心（潍坊）产业基地是国家发改委和地方政府扶持的山东信息服务业重点项目，拟打造成国内外呼叫中心产业的聚集地和呼叫中心人才培训与派遣的基地。呼叫中心是充分利用现代通信与计算机网络技术，在企业与客户、政府与百姓之间搭建起的综合信息服务机构，需要大量具备所服务行业专业知识的工作人员及固定座席，并须具备同时处理大量来电的能力。

不同产业基地的规模相差很大，并且因产业属性的差异而表现出多元化特征，通常表现为孵化器、总部基地、创客空间、科技研发中心等形式。

产业基地在开发运营上多以筑巢引凤的方式为主，即先开发后招商。这种模式在前期开发时还没有具体的使用方，因此在总体布局阶段寻求一种合适的设计策略来适应将来的招商与管理是设计的关键所在。

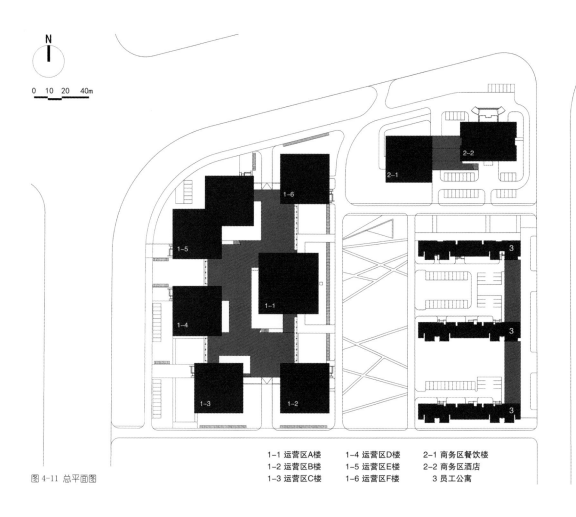

图 4-11 总平面图

1-1 运营区A楼	1-4 运营区D楼	2-1 商务区餐饮楼
1-2 运营区B楼	1-5 运营区E楼	2-2 商务区酒店
1-3 运营区C楼	1-6 运营区F楼	3 员工公寓

图 4-12 初建成时运营区东侧整体外观（章勇 摄）

项目位于山东省潍坊市高新区，包括运营区、商务区和生活区三大模块，集办公、生活、住宿、餐饮、休闲等功能于一体。项目总用地面积66667㎡，总建筑面积122367㎡（图4-10~图4-12）。

设计之初，业主在项目定位、功能分区、具体策略方面没有提出具体的设计任务，但希望将来能适应未知的入驻企业灵活运营的需求。

抓住这个切入点，设计提出了单元体群构的策略，与业主并不明朗的使用需求契合。在后续的设计、建造、运营过程中，这个设计策略给业主与设计团队带来越来越充足的信心。支撑入驻企业运营发展的云呼叫平台、综合服务管理平台、网络运维管理平台等相继投入使用，公寓、餐厅、超市、健身房、咖啡厅、诊所俱已齐备。园区的 6000 余名员工大多为年轻人，工作之余开展了丰富多彩的体育比赛、相亲大会、联欢等活动。

群构是指单元体从个体到群体的聚集组合，这是中国传统建筑空间生成的重要特征和手法。在中国传统建筑中以"间"为最基本单元来构成的建筑单元体，其本身功能简单、形体单一，但具有形制化、灵活性和可重复性的特征。通过单元体的聚集与组合，则可形成变化丰富的群体。在群体构成中，每个单元体都是功能相对完整的个体，同时又可有机聚集。

设计通过逆向分解的手法，将基地总体功能整合为工作和生活两大群组，工作区又分为运营、商务两大模块。鉴于既要满足对外出租、提供个性化运营的可能，又要保证整体的统一性，设计将运营区和商务区分解成9个单元体。以单元体"盒子"自由组合的"群构"理念，从场地的西侧延续到东北侧，组合成"盒子"群，有效满足了面积分解的需求，也避免了庞大建筑体量所造成的压迫感与笨重感。

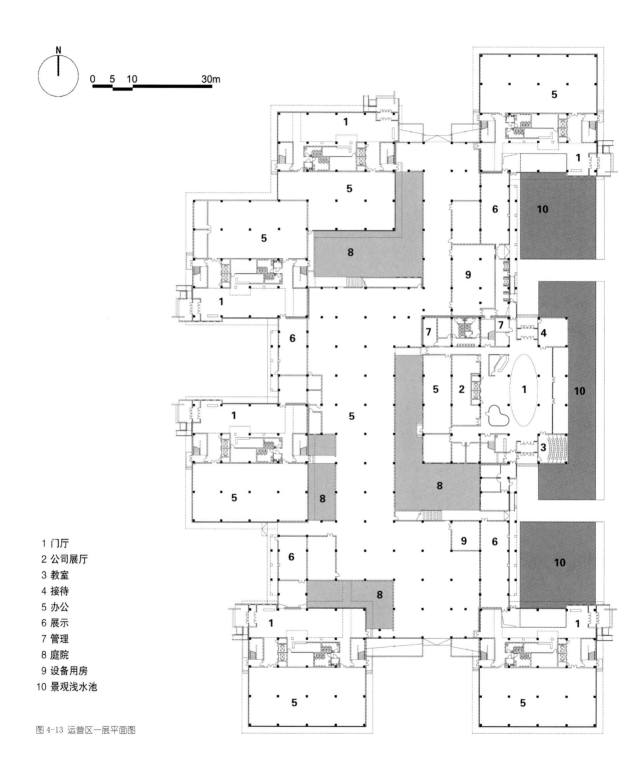

1 门厅
2 公司展厅
3 教室
4 接待
5 办公
6 展示
7 管理
8 庭院
9 设备用房
10 景观浅水池

图 4-13 运营区一层平面图

人是通过带有个体特征而确定自我的，产业基地也同样，通过与外界的差异体现其独特性，强调自身的独特性并形成基地的特征，从而提高整体建筑群组的向心力。西侧的 7 个单元体属于运营区，在功能与平面组合上是同质的，通过看似离散、实则有机的穿插聚合构成了轻松、有弹性的空间环境（图 4-13）。

东北侧的 2 个单元体是商务区的餐饮楼和商务酒店，餐饮楼延续西侧单元体的态势，东北角的商务酒店则是园区的最高体量。在东侧相对安静的区域，布置了 3 栋公寓楼，形成生活区。在各个功能区的环绕中，中心位置是 60m×200m 的中央绿地，成为整个基地总体布局的向心空间。

运营区的 7 个单元体通过底层贯通而形成连贯的二层景观平台。平台不仅提供了别致的活动场所，同时也将群构的单元体"盒子"连为整体（图 4-14、图 4-15）。平台上的诸多下沉庭院，则增加了平台空间的丰富性。

生长于平台之上的 7 个单元体，以业主自用的 A 楼为核心，通过对位、相交、呼应等组合手法及每个单元体的形体处理，使相互之间存在衔接与制约关系，将单元实体的简单性组合为群体空间的复杂性和趣味性。

若将作为物理实体的单元体称之为"正空间"，那么在这些群构的单元体之间则生成了富有变化和趣味性的"负空间"：大到中央绿地所形成的整个基地的向心空间，小到运营区平台之上的庭院空间。在群构空间系统中，正、负空间同样重要，通过两者之间的交织，以多元化的空间体验、多样化的生产模式、优美和谐的环境感受，营造出宽松、舒适的工作生活场所。

图 4-14 从二层平台看单元体组合（章勇 摄）　　　　　　　　　　　图 4-15 单元体与平台庭院（章勇 摄）

图 4-16 运营区 A 楼入口大厅 (章勇 摄)　　　　　　　　　　　　　　　　　　　　图 4-17 从基地入口看商务综合楼 (章勇 摄)

运营区的 7 个单元体中，业主自用的 A 楼面积 12000 ㎡，其余单元体面积在 6000~7000 ㎡ 之间。每个单元体都是功能独立的楼栋，具有独立的门厅、垂直交通、配套设施，提供整栋、单层单户或单层两户的出租模式 (图 4-16)。

单元体采用韵律简明的窗格，有利于产业建筑自然采光与通风的要求，同时也为室内外空间提供了宜人的尺度与人性化的舒适环境感受，实现了良好的生态与景观效益。商务区餐饮楼作为独立的单体，既是商务酒店的配套服务设施，同时也是整个基地的餐饮中心。商务酒店共 16 层，可提供 260 套客房，与餐饮楼通过两层基座相连 (图 4-17)。

园区东南部的员工生活区由 3 栋 15 层的板式高层组成，在获得开阔空间的同时也能充分显现简洁明快的建筑特性。

在同一个功能区中，单元体的构成是统一而独立的，功能上具有普适性，布局上具有可重复性。单元体的重复组织，使整体形体及空间呈现出有秩序的变化，而这种秩序来自单元体的简洁与统一。

设计将单元体形体尽可能简化，底层以玻璃体为主，上部是方正的实体盒子。立面以匀质排列的竖条窗追求整体感，层间梁的横向肌理又将楼层的叠加忠实地反映在立面上，竖条窗、层间梁、干挂石材等立面元素都在严格的模数控制下布局。

设计利用细部凹凸及外墙材料质感、颜色的搭配形成鲜明的虚实对比（图4-18）。大体量的建筑结合完善的节点、严谨的细部，不仅满足了产业建筑的密封性和防护性，而且带来美学的表现，产业建筑之美在很大程度上并不是形式美，而是技术美、功能美和质量美。建筑室内同样以简洁、直接的手法处理，顶棚的混凝土构件、墙地面的简明装饰，色彩沉稳温暖，符合产业基地的建筑性质（图4-19）。

设计以较低的造价实现了富有细节的建筑效果，力求赋予园区独有的生命力与感召力。建筑群体的整体性建立在形式逻辑的统一性上，形体空间的统一与变化均在群构的单元体中进行，规则中有变化、变化中有韵律。

单元体在三层或四层转角处凹入2m，使每个单元体呈现一定的方向性，在韵律、统一中蕴含动态与变化，并赋予单元体有机生长的态势。建筑单体方正、简洁、朴实，但在细节处理上又体现出丰富性。譬如竖条窗采用普通铝合金框，但在窗扇周边设置了一圈10mm厚、与窗洞同深的铝板窗套，铝板与窗洞石材间距30mm，并与楼层横向梁的立面离缝对应。简洁的体量与细致的构

造细部，形成了简约而稳重的工业风格，与产业基地的整体气质相统一。

山东呼叫中心（潍坊）产业基地的设计，在用地局促、业主需求并不明朗的前提下，将较大容量的功能体分解成多个单元体并将单元体群构成综合的功能体。以一种适宜的设计策略将复杂问题简化，不仅有效降低了业主的运营风险，同时在有限的场地里围合了12000㎡的集中绿地，以朴素的手法营造了丰富、多变且有趣味的情境空间。

设计注重建筑室内空间与园区景观相渗透，提高基地从整体到局部的环境亲和力。产业园区的设计不只是解决建筑单体功能和单纯的视觉形象，更是要创造舒适的活动场所以及与外部环境相关联的空间景观新秩序。

产业基地的发展，一定是建立在环境适宜、功能合理、富有个性和经济有效的基础之上的。年轻人不仅在此创业，还在这里生活、休闲、娱乐；这里不仅仅是一个工作的地方，更是一个生活的小镇。项目的建成不仅提升了潍坊高新区的形象，也为周边项目的建设起到了有效引领和示范作用。

图4-18 单元体外立面材质组合（章勇 摄）

图4-19 运营区 A 楼顶层多功能大厅内景（章勇 摄）

图 4-20 海宁市丁桥镇初级中学东侧总体鸟瞰（樊明明 摄）

系统视域中的匹配与整合

图 4-21 西北侧鸟瞰与远处可见的钱塘江（樊明明 摄）

4.1.3 在地生长的书院

新建海宁市丁桥镇初级中学位于钱塘江北岸,由镇域内原丁桥初中和原新仓初中两所初级中学合并而成。原丁桥初中与原新仓初中均创建于 1958 年,历史悠久,经过 60 余年发展,老校舍已不能适应现有教学发展的要求,并随着丁桥镇区的整体东迁及新村点规划调整,亟须创办一所与乡村新气质相配套的新初中,并展示当地 "让农村的孩子享受优质教育" 的理念。项目总用地面积 47875 ㎡,总建筑面积 22000 ㎡ (图 4-20~图 4-22)。

作为镇域上的普通初级中学,相对于传统市属中学显得整体预算偏低,在 47875 ㎡ 的用地范围内,需满足 30 班初级中学 (其中预留 6 班) 的现代化教学任务,又不超建安每平方米 3245 元造价的上限。在严苛的场地制约、造价限制等条件下,设计采取了多种在地策略去应对,希望不仅满足功能、消防、日照、间距等要求,并理性有序地体现江南地域特色,避免单一的条形教学模块和封闭式的外部空间,进而构建乡村富有活力和功能多样复合的聚落型、经济型、在地型教学新场所。

校园布局采用了 "动静分区、功能集合、多重院落、垂直叠合" 的高效空间模式,同时响应了传统聚落的轴线仪式的空间格局,以 "线性串联+大平台" 的方式营造出 "复合聚落" 的江南园林空间意向。在满足使用方功能需求及造价控制下,尽可能地营造自由开放的环境以契合未来校园的生长空间。

基于基地的北侧、西侧为城市快速路,并需在西侧开设校园主入口,综合考虑道路噪声、景观视野、交通便捷、校前区的功能联系等因素,设计在基地的西南侧布置教学区,在东侧布置田径运动场地,把体育馆设置在北侧,沿丁桥路打造完整的校园形象面,同时东侧的运动区也能很好地兼顾到体育运动场所及设施对周边居民节假日开放的需求。

将食堂布置在基地的下风向,即基地的西北侧。考虑功能相对的独立性,宿舍楼布置在食堂的南侧。

1　校门
2-1　综合教学楼（初一）
2-2　综合教学楼（初二）
2-3　综合教学楼（初三）
3　行政楼
4　报告厅
5　图书馆
6　科技馆
7　艺术楼
8　学生宿舍
9　食堂
10　体育馆
11　400 m田径场
12　自行车气膜
13　阳光草坪
14　共享平台

图 4-22 总平面图

图 4-23 贯穿南北的共享平台（樊明明 摄）

图 4-24 东北侧鸟瞰（樊明明 摄）

在教学区设置专用教室、教师办公室和科技馆，并与生活区和运动区间用共享平台过渡，共享平台上设置图书馆、报告厅及一组小体量艺术楼栋。整体建筑呈南北向布置，相对使用频率较高的图书馆、报告厅及辅助用房设置于共享平台核心位置，体育馆、食堂、宿舍等设置于共享平台北侧（图4-23、图4-24）。

通过共享平台联动校园的各个建筑，进而释放多个立体维度的地面和平台空间，让每一栋建筑都能在有限的造价限定下享受舒适的采光、自然通风、优越的视野和宽阔的日照间距。设计汲取当地乡村气韵，在传统江南书院式富于层次的空间体验及围合式布局中，通过"筑院、搭廊、造台、立阁"引入共享庭院、休息平台、交流连廊等多种空间形态，并利用材质与光影来增强空间的人文情怀，提供多层次的交往、互动环境（图4-25~图4-28）。

图 4-25 教学广场晨景（樊明明 摄）

图 4-26 从田径场看校园建筑群组（樊明明 摄）

图 4-27 从校园主入口看共享平台的大台阶（樊明明 摄）

图 4-28 校园西侧沿街场景（樊明明 摄）

图 4-29 从东侧阳光草坪看艺术楼（樊明明 摄）

图 4-30 从田径场看共享平台与教学楼的衔接关联（樊明明 摄）

图 4-31 教学楼与艺术楼、科技馆围合的庭院景观（樊明明 摄）

设计将校园公共性较强的功能进行重组，在校园里植入一个把运动场、食堂、宿舍、普通教室、行政楼等联系起来的共享平台系统，将图书馆、报告厅、成人礼学堂、入口大台阶、小体量艺术楼栋等穿插其间，使师生的行为活动能方便地从室内延伸到室外。譬如演讲或排练能从室内移到户外，自然地变成一场随意的户外演出，而在报告厅听完汇报的师生可以沿着大台阶来到户外平台，在这里可以斜倚平台上的木质扶手随意聊谈，也可以静静地在一角看书，或者恰遇一场学生社团的户外表演等。

师生可以很便利地利用校园中的大台阶、屋顶平台等展开活动，于是建筑界面所围合的不再是静态的空间，而成了吸引师生活动于其中并能促发故事的场所（图 4-29~图 4-31）。

校园内部提倡采用完全步行系统。上学时段，家长送住校生来校，车停校外停车区后经校园主入口进入宿舍，学生可直接从二层共享平台进入各教学楼；走读生经校门进入各教学楼架空层或大台阶进入二层以上的普通教室；教师经校园次入口进入教学楼的教师办公室，各条流线组织有序。课间休息时，各个楼层的学生都能走出教室进入二层共享平台放松、活动或于西向运动场的看台小憩、交流。中午师生可以通过共享平台或架空长廊进入食堂就餐，下午学生经楼梯进入底层的各专业教室上课或经共享平台进入运动区上体育课，交通简明高效。

放学时段，走读生就近回家，住校生则通过共享平台进入宿舍，晚餐后可在阳光草坪和庭院散步聊天，也可到球场运动。

在校园建筑空间和环境中通过共享平台的设置，将促进师生形成一个多元交流、积极求索的"教学社区"。共享平台下部布置了专业教室及实验用房，二至四层为普通教室和教师办公室。同年级师生的同楼栋设置将有效增加师生相伴、正式及非正式互动的机会，给予学生更多知识、情商的发掘和培养，通过先进思想的启迪，优秀校园文化的熏陶，优异师友人格的影响，完成其向准成人的过渡。在院墙内外围合中、游廊平台联系间，为师生们构筑了一个既满足当下文化学习需求又富有传统诗意氛围的教学情境（图4-32）。

在整体校园建筑普遍为简易装饰、局部重点空间精装修交付

的限制下，通过对使用预期的细分，最大程度地保证空间的灵活使用，并加强交流空间的可使用度与通用普适性。

综合教学楼位于整个学校建筑组群的中心部位，三个年级独立成栋，自南向北依次展开，相互间围合成安静的院落空间。

图书馆、报告厅位于共享平台上，与教学楼紧密联系，内部大空间可灵活设置为文娱、展示、演练、合班教室等功能。校园内的多重围合空间、预留空间等灵活进行设置，组织丰富的、可预测及适应性强的弹性区域，赋予师生有教学、聚会、演艺、交流、锻炼等多种选择的可能性，校园的功能性价值和社会性价值也同时得以彰显（图4-33、图4-34）。

图4-32 西侧鸟瞰（樊明明 摄）

图4-33 校园主入口（樊明明 摄）

图4-34 图书馆内景（樊明明 摄）

图 4-35 从东侧俯瞰校园入口轴线 (樊明明 摄)

图 4-36 从校园主入口看教学楼与科技馆 (樊明明 摄)

图 4-37 艺术楼与科技馆之间的庭院场景 (樊明明 摄)

项目邻近钱塘江及杭浦高速，在"百里钱塘综合体"上可以俯瞰整个基地。设计强调"第五立面"，采用缓坡屋面既有传统神韵又符合现代建筑简洁高效的特色，配合当地常见且便于施工维护的浅白色外墙涂料、深灰色瓦屋面、温暖舒适的木饰面，在河道、绿树、花丛等景观元素的掩映下，用现代技术经济合理地营造出一个色彩柔和、优雅端庄的水乡学堂 (图 4-35~图 4-37)。

不同于幼儿园、小学阶段的活泼萌动，初中是青少年告别孩童走近社会的过渡阶段，活泼的同时也要渐有成年人的稳重。所以设计的语汇以稳重大气为内涵，以简洁的现代手法来表现，但

内部通过公共平台与庭院营造出生动活泼的交往空间，以典雅中式作为校园的整体建筑基调。校园的景观系统由各空间节点串联。

从西侧主入口开始，校前广场、形象正门、唯学广场再至两侧的慎思园、畅礼园，往东融合阳光草坪、笃行园，以亲近、自由的延续方式，形成欲扬先抑的景观效果。

在校园景观属性上，既营造恬静安宁的学习、思考氛围，又形成参与性强、具有互动活力的教学生活特色空间。设计注重生态景观的营造，创造丰富的立体景观，为学生营造一个多维度的绿色生态校园。设计希望行为环境与形象环境有机结合，形成环

境育人的氛围，同时注重不同空间的开放性研究：运动场为开放性空间，二层平台、底层庭院为半开放空间，普通教室为读书的私密空间，实现了校园功能的自然过渡（图4-38、图4-39）。

广场硬质铺装回应线性流动的设计理念，强调典雅动感的学校氛围，充分利用建筑的屋面空间。在普通教室、科技馆等主要功能区块的屋面上，均采用屋顶绿化作为学生户外种植基地，丰富学生课余生活。

通过对各功能区块布局设计、师生交通流线的分析，在校前广场、笃行园、阳光草坪等重要校园节点中设计原丁桥初中、新仓初中印象的文化石、小品亭台等，在校园入口大台阶上设置潮涌形象雕塑，象征潮乡学子承前继后、敢为人先、拼搏奋进的精神气质。设计所努力的，就是让每一位学子在这个以教书育人为本职的现代书院中，师友相伴、相知，并逐步发现自我、唤醒自我，最终成为自我。

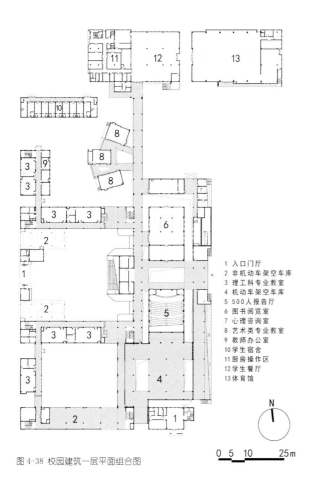

1 入口门厅
2 非机动车架空车库
3 理工科专业教室
4 机动车架空车库
5 500人报告厅
6 图书阅览室
7 心理咨询室
8 艺术类专业教室
9 教师办公室
10 学生宿舍
11 厨房操作区
12 学生餐厅
13 体育馆

图4-38 校园建筑一层平面组合图

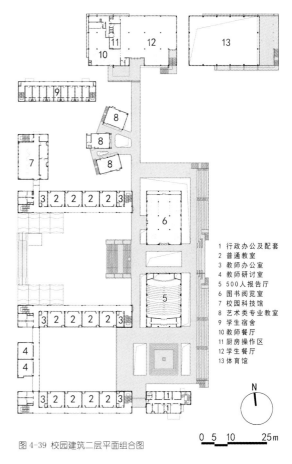

1 行政办公及配套
2 普通教室
3 教师办公室
4 教师研讨室
5 500人报告厅
6 图书阅览室
7 校园科技馆
8 艺术类专业教室
9 学生宿舍
10 教师餐厅
11 厨房操作区
12 学生餐厅
13 体育馆

图4-39 校园建筑二层平面组合图

图 4-40 南浔经济开发区科创中心与城市公园和街道的衔接（樊明明 摄）

4.2 秩序重构

自改革开放起，中国开始了高速的城镇化进程。城市人口的上升带来城市的快速扩张。村镇及老城区绝大部分的旧建筑都被新建筑所替代，原有的城市绿地及农田也被不断蚕食，而城市新建建筑由于场地及造价的限制条件，多有向高处发展之趋势。这也使得公共建筑变得趋同，形成了一些固定形式化的建筑布局及造型，而忽略了建筑自身比例、建筑细部节点优化以及建筑作为城市和自然的组成部分对周边既有环境的影响。

高楼林立、密不透风成为人们对城市的固有印象。如何使建筑与周围环境协调连贯，同时契合城市脉络的总体样态并形成给城市街区带来活力的新节点，是建筑设计中的难点。南浔经济开发区科创中心设计从环境、空间、立面等多角度探索了整体连贯性在实践中的应用，如何处理建筑与既有环境的关系是设计探索的重点，这也为后续的建筑设计提供参考，拓宽思路。项目总用地面积 18807 ㎡，总建筑面积 58925 ㎡（图 4-40、图 4-41）。

4.2.1 围合内院空间

城市空间的序列组织产生了一定的秩序，其呈现或明显或隐匿，或有序或无序。对这种秩序的理解在建筑设计中体现在不同方面，比如建筑空间、建筑形体、建筑立面、建筑构造等。在设计的过程中，建筑师在基地既有秩序的基础上进行空间建构，探寻合理有序的功能布局，最后形成新的空间秩序，这种过程即为秩序重构。古往今来，不乏秩序重构的优秀案例。

南浔经济开发区科创中心基于空间连贯性的设计思路，是对基地环境进行秩序重构的一次探索。设计希望通过建筑的介入对场地环境进行整合提升，重构空间环境的秩序，优化城市形象展示面，唤起市民对于南浔印象、南浔文化的共鸣。

不同的基地环境可生长出不同特色的建筑形态，优秀的建筑设计与环境应是相辅相成、和谐共生的。南浔经济开发区科创中心项目位于湖州市南浔区水晶晶公园东北角，场地北侧为高层住宅，东西侧为多层住宅，南侧为水域开阔的公园。

就场地现状而言，其空间秩序较为完整和均衡，但随着新建筑的植入，必将为既有环境带来变化，如何使这种变化产生积极的作用是设计的重点。

设计对任务书中的功能要求进行整合并重组，从而明确各功能区在建筑中的合理位置。科创中心作为南浔经济开发区的公共服务中心，兼具城市客厅的定位，其功能要求多样且复杂。通过分析，设计在垂直维度中将相对私密的办公功能和酒店功能置于中上部，将相对公共的服务大厅和商业配套置于底部。

在水平维度中，设计将面积占比最高的办公功能沿场地北侧及东侧道路整体连贯围合布置，在内院相对安静及南侧景观视野最佳的位置布置了酒店功能。至此，东北侧相对围合而西南侧通透开放的空间秩序已经大体形成（图4-42~图4-44）。

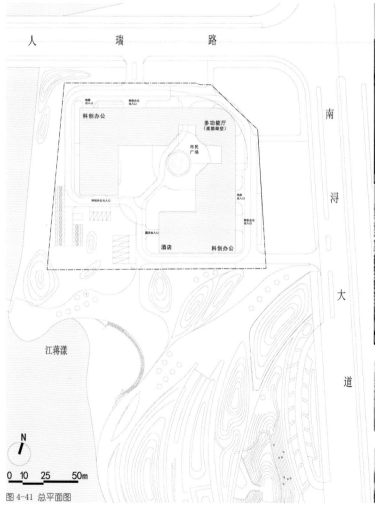

图 4-41 总平面图

图 4-42 从城市公园的湖面看科创中心（樊明明 摄）

图 4-43 内院（樊明明 摄）

图 4-44 东南侧鸟瞰（樊明明 摄）

图4-45 开放的城市共享空间（樊明明 摄）

图 4-46 北侧沿街外观（樊明明 摄）

图 4-47 层层退进的屋顶平台营造层次丰富的城市空中客厅（樊明明 摄）

4.2.2 托举城市客厅

项目任务书中较高的容积率要求使其不可避免地成为高层建筑，如何处理好高层建筑体量与南侧开阔水域之间的关系，同时与周边高低各异的住宅区相协调成为首要解决的问题。

显然，在此建造一座以高见长的建筑并不合适，那样既与南侧公园平坦地势的对比过于强烈，且对于周边住宅区的日照影响较大，将会像一片高墙将水域开阔的公园环境与城市隔绝开，这并不是设计想要的空间秩序。在此情况下，唯有将建筑高度尽可能地压低，减少对公园空间的压迫感，同时在北侧高层住宅区及东西侧多层住宅区之间形成一个高度相对适宜的过渡空间，成为设计的平衡点（图4-45~图4-47）。

由于场地位置的特殊性，科创中心自然地成为衔接公园与城市的连接体。因此从视觉上，既要考虑到从公园看向建筑的视觉感受，又要考虑到沿街城市界面的丰富形体关系。该项目作为一个城市客厅的功能定位，必须预留出足够的公共活动空间。

适宜的建筑设计应该综合各方面的要求权衡利弊，寻找到一个既开放又包容的建筑解答。建筑设计结合功能布局分析，将建筑形体呈"C"字形连贯围合的同时，在竖向上加入了层叠退台的空间处理，形成一高一低两座连续退台的建筑主楼，在裙房位置又连为一体。层层退进的绿化屋顶平台展现出了层峦叠嶂的轮廓感，在一定程度上也强化了南浔的山水意象。裙房连接处的抬升悬浮结构则完全打通了地块东北角与城市公园水域的视线，使宽敞的公园水面与城市街道在建筑架空层有了互相的连接点，形成了山与水、城与园相融的共生新秩序。

图 4-48 东北侧鸟瞰（樊明明 摄）　　　　　　　　　　　　　　　图 4-49 从城市道路交叉口看科创中心（樊明明 摄）

图 4-50 从内院看建筑东南侧形体组合（樊明明 摄）　图 4-51 西北侧沿街鸟瞰（樊明明 摄）　　　　图 4-52 西侧局部外观（樊明明 摄）

4.2.3 贯穿空间流线

裙房的架空层打通了城市和基地以及公园的人行流线，设计通过景观及铺装设计，将场地打造为连接城市与公园的载体。灰空间不但能够从城市中吸纳人流，增添建筑空间的活力，同时为公园到城市提供一条更为便捷的路径，为科创中心的功能延展创造了无限的可能。设计考虑了在基地中植入各种文化活动的可能性，例如展览、艺术节、健身活动等，形成活跃的文化脉动。连贯的基地环境与科创中心内日常的商务办公、社会服务及滨水公园的游憩功能相互渗透，提供了全时段的活动平台。

在立面上，玻璃幕墙结合水平连贯的遮阳铝板构成了南浔科创中心的建筑表皮系统。建筑角部进行圆弧处理，进一步强化了流动连贯的立面造型和空间整体感。遮阳板既能过滤外部噪声和强烈的日晒，又能强化建筑形体整体连贯的设计思路。

设计对水平遮阳铝板的局部间距进行变异，犹如微风吹过波光粼粼的水面，疏密有致。建筑以极简主义风格的立面造型，结合简洁的几何形体和淡雅的材料色彩搭配与环境对话，以直白坦诚的方式将建筑引入自然，尽量减少对公园和城市环境的不利影响（图 4-48~图 4-52）。

建筑作为后来者，生于环境，理应回归于环境。自然或城市环境的限制条件是建筑设计过程中的重要依据，如何处理好建筑与既有环境的关系往往可以成为设计的切入口。在既有环境中的建筑生成过程，实则是对城市街区空间秩序进行重构的过程。

设计通过对基地环境空间和建筑空间的重构，处理好建筑所面对的复杂的时空关联，获得社会的价值认可，在多样中寻找统一，在整体中寻找平衡，让建筑更具有立足于基地的必然性。设计以基地环境为出发点，通过对功能布局、建筑形体、场地环境秩序的塑造，结合整体连贯的建筑形象，将原本巨大体量的高层建筑层层消解，最大化减少建筑对周边环境的影响，重构了新的城市公共空间。通过对相关优秀案例的分析以及在本次设计实践中得到的经验可见，重构秩序是建筑设计过程中重要的设计目标与抓手，多维度的秩序重构能够建立新的空间依存关系，营造和谐的环境氛围，提升城市品质（图 4-53~图 4-58）。

图 4-53 西北侧沿河外观 (樊明明 摄)　图 4-54 从内院看建筑西北侧形体组合 (樊明明 摄)　图 4-55 北侧沿街鸟瞰 (樊明明 摄)

图 4-56 西侧外观 (樊明明 摄)

图 4-57 南侧外观 (樊明明 摄)

图 4-58 东侧鸟瞰 (樊明明 摄)

4.3 策略的系统性

在以业主为导向的设计环境中，许多设计只注重建筑形式和建筑空间的创作，往往忽略了细节推敲和工艺技术。这一方面是由于对细部设计的认识不够，另一方面也是缺失了对工匠技艺的传承。处于高速发展的国内建筑业，建筑设计周期普遍较短，建筑师缺少足够的时间和精力进行推敲研究。加上一些建筑师对新材料、新工艺和新技术掌握不足，以及建筑主体设计与专项设计缺乏连贯性，导致建筑细节的统筹不能一以贯之，这样就会影响建筑的整体性。在当前的建筑设计实践中，最需要应变的还是观察的角度与策略的系统性。

建筑不需要晦涩的理论和洋洋洒洒的文字解读，而是应该真真实实让使用者去体验。也许更多的建筑师做的是千千万万作为城市背景的日常建筑，但只要有积极的改变、有美好的体验，这样的工作同样重要。就如建成后我们受邀参加落成典礼，当在走访中感受到最初的设计思考和期盼得到了使用者真实的认可时，当看到入驻新环境的人们脸上浮现满意的笑容时，这一刻，建筑师充分体验到了设计的价值[1]。

建筑设计的所有策略都是为这个系统服务的，选择材料组合在一起，使得材料通过特定的组织模式而综合成一个系统并产生了生命力，于是就有了灵魂。建筑是由各种条件生发出来的，既有其自己的特性，更有其自己的生命延续，可能在原初引导其生成的物态或非物态环境发生改变后，该建筑仍有足够的弹性以一种新的姿态与新的环境共生，并继续显示其生命力[2]。

---

[1] 比建筑风格更重要的是场所和人的活动，具有时间沉淀感的红砖、细腻的砂岩、青绿的草坪，以及穿梭其间的老教授、年轻学子热烈的研讨场景，这种由场所和人的活动共同形成的人文气息和学术氛围才是大学校园营造的最终目的。参见：劳燕青，董丹申. 砖石叙事——浙江大学海宁国际校区教学南区设计[J]. 华中建筑，2021（4）：42-46.

[2] 建筑的细部与整体一样镌刻着历史和文化，只有掌握了建筑的接受心理认知过程，了解怎样的建筑策略能够引起受众心理的认知与共鸣，才能够在创作中进行强化，形成相应的与接受心理活动同构的审美引导。参见：董丹申，李宁. 知行合一　平衡建筑的设计实践[M]. 北京：中国建筑工业出版社，2021：54-55.

第 五 章
持 续 生 态
绿色视域中的发展与保护

图 5-1 安吉两山梦想产业园总体鸟瞰图

5.1 永续发展

2005 年 8 月 15 日，时任浙江省委书记的习近平同志在浙江省安吉县考察时，首次提出了"绿水青山就是金山银山"的科学论断，现在已经成为全国人民的指引与共识[1]。

安吉县作为该科学论断的提出地点，十多年来更是把"美丽安吉"作为可持续发展的最大资源，维护绿水青山，做大金山银山，不断地丰富和深化对发展经济和保护生态之间辩证关系的理解，在实践中将"绿水青山就是金山银山"化为鲜活生动的生活现实，并成为千万群众的自觉行动[2]。

安吉县开展了"中国美丽乡村"建设，着力把安吉建设成"村村优美、家家创业、处处和谐、人人幸福"的美丽家园，并在建设中力求保护和发掘自然与文化遗存。建筑设计作为城市建设的重要环节，践行"两山"理论，站在人与自然和谐共生的高度去探索发展与保护的绿色之美，这是建筑设计的应有之义。

5.1.1 两山梦想产业园

从绿色视域中的发展与保护来分析，科技园区是一种非常有代表性的研究案例。科技园区包括产业园、科技创新园、总部基地等，是指围绕某一具体产业把其相关的企业或经营单元聚集起来形成的布局相对集中、具有配套环境、在国内外具有重要地位的产业集群地带。

---

1 "绿水青山就是金山银山"（简称"两山"理论）是习近平总书记 2005 年提出的关于经济发展与环境保护双赢理念的生动比喻，这一发展理念为人与自然由冲突走向和谐指明了发展的方向，就是人与自然双重价值的共同实现。守望绿色，走可持续发展道路，是实现中华民族伟大复兴中国梦的重要内容。参见：赵建军，杨博."绿水青山就是金山银山"的哲学意蕴与时代价值[J]. 自然辩证法研究，2015(12)：104-109.

2 习近平总书记提出的"绿水青山就是金山银山"理论，其精神实质就是要大力建设社会主义生态文明、实现国家可持续发展。研读梳理该理论的阐述与发展历程，可以从特色产业体系、生态环境体系、区域合作体系、制度创新体系、生态支付体系五方面来探索发展机制。参见：王金南，苏洁琼，万军."绿水青山就是金山银山"的理论内涵及其实现机制创新[J]. 环境保护，2017(11)：12-17.

图 5-2 总平面图

图 5-1 园区北侧沿街透视图

图 5-5 园区内街透视图

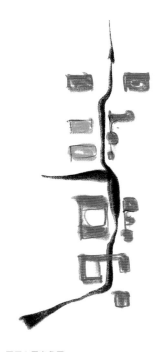

图 5-3 园区布局意象图

　　因服务于某一产业链的前后端的变化，科技园区从初期的以工业生产为主的厂区，逐步发展至以研发功能为主的科研平台集群，不断孕育出以知识产出、研发型为主的高新科技企业。

　　为了吸引高新技术企业与人才，也是为了更好地满足员工生产、生活需求，地方政府筑巢引凤，不断寻求更加优质、便利的办公与生活环境，形成了科技园区由城市偏远地段向中心发展的趋势。

　　安吉县为践行"两山"理论，吸引科技人才，投资建设两山梦想产业园。项目基地位于安吉城区国家森林公园凤凰山西侧山脚下，北侧紧邻安吉图书馆及吴昌硕纪念馆，具有良好的公共文化资源，并拥有城区独一无二的自然生态景观资源。项目总用地面积64071㎡，总建筑面积153233㎡（图5-1~图5-3）。

　　原有基地高程较为复杂，最大高差处近 10m，基地原始标高从北往南、从西向东双向抬升。竖向设计以顺应地形、挖填结合为原则，进行合理的场地高差设计，并结合山体推敲适宜的台地高差变化。

　　由北向南，通过逐渐抬升的立体内街，串联起不同标高的景观广场，化解了基地沿玉磬路近3m的高差。人们走在园区中央立体内街中，领略不同标高的景观变化，可以感受到不同的空间氛围，形成移步异景的感官体验（图5-4、图5-5）。

　　在西侧园区形象主入口部位，通过立体景观台地来化解场地东西向近4m的高差。在办公主楼内部庭院设置了近一层高的景观大台阶，使人们能够直接穿越办公主楼的中央庭院，通过大台阶进入立体内街，让园区内外环境有机串联、相互渗透。

　　同时结合建筑功能与形态，在空间与环境相互渗透的基础上使得园区中各功能区有机穿插，将 7 天×24 小时的全天候服务、商业、公寓空间植入基地中，让工作和生活的界限进一步模糊，打造出崭新的活力社区空间（图 5-6～图 5-8）。

依托基地脉络自然而然生长出来的建筑群组才更加具有生命力，科技园区以敬畏大自然的心态和友好自然的姿态，在科技产业的刚硬形象与生态自然的柔性属性之间找到平衡点，这也是设计的切入点。

通过向自然开放，顺应自然地势，模糊自然边界，弱化建筑群组的体量。同时也要求科技园区的内在空间以更加普适性、经济性、可持续性的组织原则来延展与转换，使建筑群组在全生命周期中与自然共同生长。我们相信，在科技园区中亲近自然的工作生活环境更易激发创意和热情，柔性策略的运用能更好地建立建筑与自然环境之间的联系，塑造场所精神，促使其中能产生人与自然交互、建筑与生态共生的亲密关系（图 5-9）。

5.1.2 景观通廊通气韵

为不破坏安吉凤凰山原有的景观资源，并让山体景观与城市渗透，结合建筑群组的疏密节奏在对着穆王路和凤栖路的两个方向分别退让出宽约 64m 和 35m 的景观通廊（图 5-10）。

图 5-6 办公主楼透视图　　图 5-7 公寓楼南侧透视图　　图 5-8 健身中心透视图

图 5-9 园区夜景鸟瞰图

图 5-10 景观通廊分析图

图 5-11 总部办公楼透视图　　　　　图 5-12 展示中心透视图　　　　　图 5-13 保留建筑改造透视图

　　项目与周边街区的建筑距离较近，但分解、递进的体量使园区显得并不强势。在安吉大道上，沿着安吉图书馆、吴昌硕纪念馆中央的广场，通过园区北侧高层建筑有效的避让和高度控制，使得视线能够穿透园区直接看到凤凰山。在穆王路、凤栖路与玉磬路的交叉口均预留了集中的景观广场，使得人们沿着景观通廊能够一览无遗地观赏到凤凰山的景致。

　　同时，在园区内部通过几条视线通廊的穿透，自然地将园区分为不同组团。在北侧组团，沿北侧高层办公进入园区，经过景观广场后可看到园区的展示中心。在展示中心南侧沿着凤凰山脚

布置了一组体量低矮的商业配套建筑，供园区内部的员工及市民使用。商业配套建筑与西侧保留的办公建筑之间形成了一条活力内街，使人们能够贯通整个园区。而在南侧组团，通过办公主楼内庭院的高差大台阶、配套公寓的底层架空、花园办公体量的错动与退让，又形成了多条视线穿越通廊（图 5-11～图 5-13）。

　　通过不同层级视线通廊的设置，使得自然景观与人工景观充分复合，让住宿、办公、交往、活动的人们真切地感受到无处不在的山林气息，形成一个绿色低碳、无界共享的生态园区，从而让新建筑与既有建筑、凤凰山、周边街道共同生长。

图 5-14 鹃湖科技创新园东侧总体鸟瞰（赵强 摄）

绿色视域中的发展与保护

图 5-15 总平面图

①东区组团
②中区南组团7#
③中区北组团7#
④中区组团4#
⑤中区北组团4#
⑥中区组团3#
⑦中区北组团3#
⑧中区组团2#
⑨中区北组团1#
⑩西区组团

0 20 40 80m

图 5-16 西北侧鸟瞰（赵强 摄）　　　　　　　　　　　　　　图 5-17 从园区远眺浙江大学国际校区（赵强 摄）

5.1.3 湿地智谷容共生

随着浙江大学国际校区的启用，海宁市鹃湖国际科技城也随即启动首期鹃湖科技创新园项目的建设，聚焦泛半导体、生命健康、现代服务业三大主导产业，拟打造高层次人才与项目集聚的科研示范基地（图 5-14～图 5-17）。项目总用地面积68080 ㎡，总建筑面积112831 ㎡。

俯瞰海宁市鹃湖国际科技城，占地千余亩的浙江大学国际校区位居核心区，南部是占地 2.9 k㎡的鹃湖公园。在浙江大学国际校区北侧的水月亭东路与长山河之间是占地约 51ha 的原生态湿地，水系蜿蜒，植被丰茂，林木、农田点缀其间，远处的东山隐约可见，山顶古塔连云。这里的山水、林田、湖草等生态资源丰富，未来将建设成城市里稀缺的湿地公园。

鹃湖科技创新园选址于此，项目启动时整个湿地公园的规划及景观设计已完成，为保持整个湿地景观的完整性，项目划定建设范围，最终用地以点状供地形式出让，将鹃湖科技创新园的建筑体量散布于湿地公园内。

设计遵循湿地公园场地总体规划原则，保留穿越场地的S形城市道路，将项目分为东、中、西三个片区进行有序规划。

东区以一座完整的圆形建筑统领全局，中、西区则有10组自成体系的花园组团式科研办公楼，科研办公楼组团相互之间保持生态友好的尺度。总体布局聚散有度、松紧有致，向湿地公园开放、渗透。建筑开发强度由南至北、由东至西随深入湿地而降低，将花园式的开放园区与周围的草木、湖田融为一体，无论是站在出挑的阳台上朝湿地眺望，还是在室内利用通透的空间界面来感受湿地的气息，都能与大自然进行对话。在设计阶段没有确定具体的使用者，为适配将来入驻企业的多样化需求，设计以单元体群构的策略打造多层级的功能场所。

东区组团位于两条城市干道的交汇处，并与湿地公园保持了适当距离。设计将6个建筑单元进行整合，形成一个完整的环形体量，"漂浮"于地面景观之上（图5-18）。

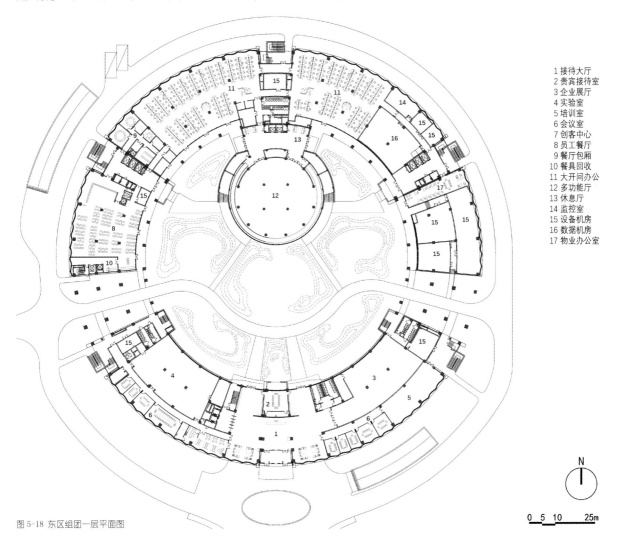

1 接待大厅
2 贵宾接待室
3 企业展厅
4 实验室
5 培训室
6 会议室
7 创客中心
8 员工餐厅
9 餐厅包厢
10 餐具回收
11 大开间办公
12 多功能厅
13 休息厅
14 监控室
15 设备机房
16 数据机房
17 物业办公室

图5-18 东区组团一层平面图

0 5 10 25m

N

图 5-19 顶部横向金属挑板外观（赵强 摄）　图 5-20 灵巧的橘色点缀出空间韵律感（赵强 摄）　图 5-21 整体统一的建筑形象（赵强 摄）

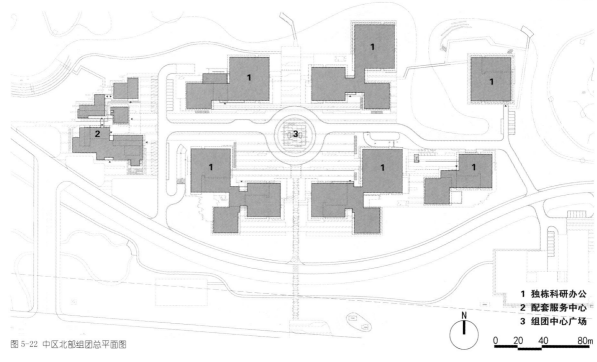

1 独栋科研办公
2 配套服务中心
3 组团中心广场

N

0　20　40　80m

图 5-22 中区北部组团总平面图

　　建筑底层局部架空，外部景观渗透到内院。围绕圆形内院设置入口大堂、接待、餐厅等配套服务功能，圆形的会议展示中心独立于内院之中，通透的玻璃幕墙消隐了建筑的界面。建筑二层以上为单元式的办公及研发空间，通过自由组合可以匹配不同发展阶段企业对空间的需求。建筑底部立面采用明快通透的折面玻璃幕墙，翻折起伏中倒映出园区优美的环境。

　　整个东区的 6 部橘色疏散楼梯作为造型元素直接外露，也方便日常休憩与交流的使用。圆环建筑顶部两层被层叠的横向金属挑板包裹，以统一的立面构成来强化建筑的整体性，勾勒出科技园区整体简约、理性、纯粹的空间气质（图 5-19～图 5-21）。

　　中区组团的花园式独栋建筑以单元体群构的形式散布于景观绿地之间。中区北部由 1000 ㎡、2000 ㎡、3000 ㎡的单元模块通过移动、旋转、镜像的方式组合成数座楼栋，单元体增强了韵律感，使建筑形象在统一中产生有序的变化（图 5-22）。

建筑控制在三层以下，通过单元体不同数量、不同方式的组合，各楼栋在不同方位、不同角度都能捕捉到独有的湿地以及园区花园景观。楼栋的单元体由共享门厅或连廊连接，租售策略上可分可合，既可满足小型企业分层分单元租赁，也能满足规模或龙头企业落户整栋承租的意愿（图5-23～图5-26）。

中区最西侧的楼群是园区共享的配套服务区，考虑其建筑功能的差异化，设计采用传统青砖黛瓦的建筑意向，通过形体拆解和地景等设计手法融于湿地环境，使其在形象上易于辨认又在色调上与整个园区和谐统一（图5-27、图5-28）。

中区东南侧以及西区组团是定制的企业总部，设计通过或围合或连续的建筑体量以及石材、金属或玻璃等材料，打造独立的企业形象（图5-29、图5-30）。

图 5-23 友好的空间尺度（赵强 摄）

图 5-24 淡雅的色调（赵强 摄）

图 5-25 高低错落的组合（赵强 摄）

图 5-26 屋顶退台的景观（赵强 摄）

图 5-27 青砖黛瓦的配套服务区（赵强 摄）

图 5-28 服务区南侧外观（赵强 摄）

图 5-29 建筑单体的细节（赵强 摄）

图 5-30 建筑材料的组合与穿插（赵强 摄）

面对偌大的 51ha 湿地公园，设计将科技园区散落其间，营造了一个充满活力又对湿地景观扰动最小的开放街区，犹如湿地里一座静谧的人工花园。在此，科研与生活得以相宜，技术与情感得以相会，绿水与建筑得以相融（图 5-31~图 5-34）。

低密度的花园式园区、宜人尺度的办公环境准确捕捉了目标企业对高品质科研场所的需求，项目建成后吸引了全球领先的质量和安全服务机构、全球检测认证行业的领头企业以及其他高端研发机构与科研院所相继落户。

东区组团原先定位为孵化器与服务中心，现被一家泛半导体龙头企业整体承租后稍加改造，成为其在长三角区域的研发总部基地。亲近自然的工作生活环境更易激发创意和热情，或许高品质的行业领军企业就会诞生于此（图 5-35）。

图 5-31 中区北侧局部外观（赵强 摄）

图 5-32 东区西北侧局部外观（赵强 摄）

图 5-33 建筑与湿地野趣（赵强 摄）

图 5-34 建筑组合适配工业企业对高品质科研化需求（赵强 摄）

图 5-35 湿地智谷的温馨（赵强 摄）

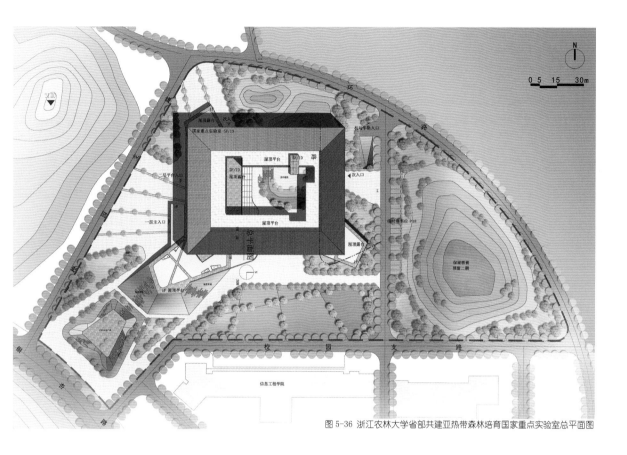

图 5-36 浙江农林大学省部共建亚热带森林培育国家重点实验室总平面图

5.2 生态智盒

浙江农林大学是浙江省唯一的省属本科农林类高校，是浙江省人民政府与国家林业和草原局共建的浙江省重点建设高校，位于杭州市临安区杭州城西科创大走廊的西端。

学校创建于 1958 年，经过 60 多年的建设，已发展成为以农林、生物环境学科为特色，涵盖八大学科门类的多科性大学。学校始终重视生态文化建设，全面实施"生态育人，育生态人"工程，"两园（校园、植物园）合一"的现代化生态校园被誉为"浙江省高校校园建设的一张亮丽名片"，被教育部、国家林业和草原局等单位授予"国家生态文明教育基地"，被国家林业和草原局、科技部评为全国首批林草科普基地。

立足新时代，学校秉承"求真、敬业"校训，践行"绿水青山就是金山银山"理念，正努力向着建设区域特色鲜明的高水平生态性研究型大学的奋斗目标迈进。

浙江农林大学省部共建亚热带森林培育国家重点实验室位于浙江农林大学东湖校区东北部坡地上，在基地上看校园所倚的群山，不由地引发"云深不知处"的遐思，这不是寻常校园中的山包，而是真真正正的与巍巍天目山一脉相连的深山老林。

设计借山形地势来打造一个"区域急需、世界一流"的生态智盒，希望通过生态智盒来营造"多层次自然融合、多尺度共享空间、多模式实验布局"的现代化生态教学科研建筑。项目总用地面积27699 ㎡，总建筑面积23988 ㎡（图 5-36、图 5-37）。

图 5-37 西南侧外观（樊明明 摄）

绿色视域中的发展与保护

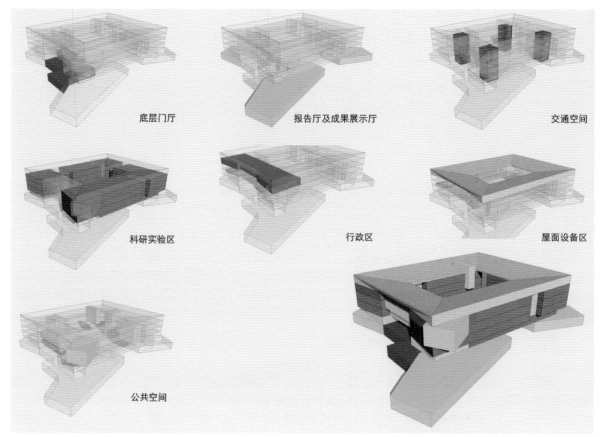

底层门厅

报告厅及成果展示厅

交通空间

科研实验区

行政区

屋面设备区

公共空间

图 5-38 功能分区及其组合关系分析图

5.2.1 多层次自然融合

基地呈不规则的三角形，整体沿东北方向呈现抬升趋势，并且有较大的高差，背山靠水，视野开阔，地理位置良好。

基地有利因素有三条：第一，位于浙江农林大学东湖校区沿湖位置，是师生、学者往来的人流核心区域；第二，基地西侧银杏路为校园主干道，东北侧二环路为校园主要的机动车道，整体交通环境便利流畅；第三，基地西侧为波光潋滟的东湖，北侧为巍巍群山，湖光山色两相宜。

相应地，基地制约因素也有三条：第一，不规则三角形的基地边界在西南角局部凸起，场地把控难度较大；第二，场地高差较大，从南至北逐步抬高，最大高差约 8m；第三，本项目实验功能及工艺较为复杂，未来引进团队具有不确定性，因此需考虑功能的灵活性及未来平面调整的可适应性。这些制约因素都使得项目充满变数，也是对设计团队平衡能力的考验。

在尊重基地环境、利用有利因素的同时，巧妙化解制约因素并将场地内部高差及其不规则的用地作为设计的切入点，以此将建筑和谐地嵌入基地周边环境之中，这是设计的最大难题，也是设计的平衡点（图 5-38）。

设计借助"天目巍然"校园底蕴，展现科研创新活力，以"绿水青山就是金山银山"为启发点，尊重原始地形，顺应校园文脉肌理，植入方院形体。通过底层造坡退台架空，上层虚实空间对比，展现科研教育建筑的稳重与活力，以期成为浙江农林大学的标志性建筑（图5-39~图5-42）。

利用农林大学"校园、植物园"的两园生态优势，营造共享绿色智慧"盒院"。以"融入环境、吸纳生态"为出发点，突出农林大学生态特色，重塑校园空间架构。通过中式"盒院"的空间营造，引景入院，形成多层次的活动交流平台，并有序布置功能复合的实验空间，营造绿色开放的实验科教情境。

图 5-39 东南侧外观与高差衔接（樊明明 摄）

图 5-40 主入口夜景（樊明明 摄）　　　图 5-41 通透的室内空间（樊明明 摄）　　　图 5-42 南侧底层局部架空（樊明明 摄）

图 5-43 直通二层的西侧室外大台阶（樊明明 摄）

5.2.2 多尺度共享空间

布局首先考虑基地不规则、建筑用地指标宽裕和预留实验室未来发展余地等因素，结合整体校园规划，将场地东西两侧退让后形成了紧凑、规整的建设用地。设计利用南侧现有教学楼内部道路延伸至校园二环路，从而将基地东侧界定为室外培育基地并作为实验室未来发展用地。

而对于基地内较难使用的西南角，利用原有场地高差，通过下沉硬质广场和地景化建筑相结合，将植被绿化从下沉广场延伸

至二层露台。在草坡上会有师生活动、交流、休憩和演出，成为最有空间活力的场所，从而打造成校园内重要的空间节点，串联起整个教学区，这正是通过本项目的整合为重塑校园空间架构做出贡献（图 5-43）。

设计将主要形象入口设置在基地西侧，不仅迎合教学及宿舍区主人流方向，而且兼顾北侧原智能实验楼的联系需求。直通二层的室外大台阶不仅作为师生便捷进入实验区的通道，亦是闲暇之余停留、聊天的交流场所。

作为国家重点实验室，设计探讨更高效、更经济、更具多样性的布局形式。采用围合式的空间布局，空间利用最大化，交通联系便捷化，同时形成了内庭外园的景观序列(图5-44、图5-45)。

人行主要出入口设置在西侧，考虑人行区域主要集中在西侧及北侧，故将机动车出入口设置在基地东北侧，并沿内部道路设置机动车临时停靠点，避免机动车对步行系统的干扰，保证基地内舒适的步行环境。由于基地高差变化较大，设计尽量保留原有地形，减少开挖量，并按照原有场地与外部道路标高关系进行标高控制，沿西南角通过下沉广场及地景的营造，为校园提供了开放活动空间的同时将场地高差有效地利用起来。同时利用台阶下部原有的高差布置地下人防工程，最大程度地减少开挖与土方，节约造价（图5-46）。

图5-44 高低错落的广场空间（樊明明 摄）

图5-45 室内休息廊场景（樊明明 摄）

图5-46 南侧外观与架空层设置（樊明明 摄）

1 公共平台实验室
2 蛋白质平台
3 实验用房
4 研究室
5 会议室
6 准备室
7 学习研讨区
8 门厅
9 茶水间
10 通高展厅
11 室外平台

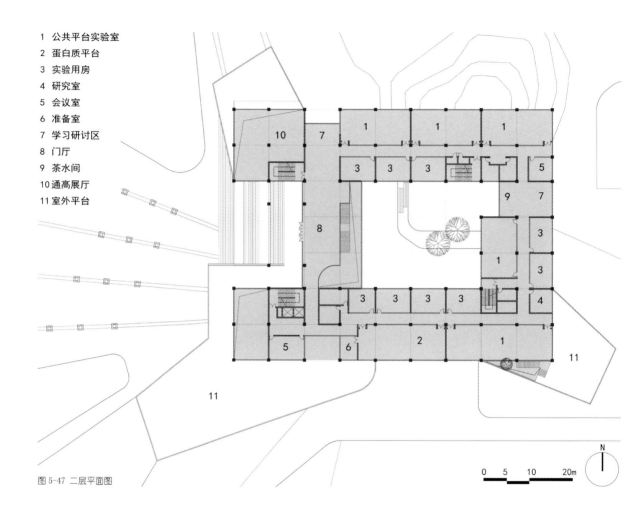

图 5-47 二层平面图

5.2.3 多模式实验布局

设计根据各功能在使用频率、私密程度上的关系，将公共性较强的报告厅及成果展示厅设置在底层主入口的南北两侧，并在东侧设置多功能厅及大型仪器实验室等配套功能。

通过室外大台阶可以直接进入二层及以上管理私密的科研实验区，其中二层以公共实验平台为主，三层至五层均为课题组实验室以及院士工作站。

通过交通核及公共空间的设置，整个实验区形成风车状"实验综合体"的布局，自成体系，可分可合。根据使用模式的不同可将实验用房、研究用房及辅助用房进行灵活的组合，形成可变的实验团队模块。同时注重不同团队之间交流和融合的需求，创造更多的休息、交流及展示空间（图 5-47）。

图5-48 东北侧鸟瞰与校园中心的东湖（樊明明 摄）

建筑以一个简洁的"盒院"形体，掩映在绿树丛林之中，通过具有节奏感的开窗形式、实墙留白，以浅色外墙、深色单坡屋面延续校园肌理及色彩关联。以刻意岩石化的基座及主体刚硬的线条展现了国家实验室的严谨与稳重，在完整建筑形体之上局部出挑的形体，适时打破形体的规整，形成一个眺望校园湖心的景观窗口，体现出鲜明的标识性（图5-48）。

湖心、山体、下沉广场、自由草坡以及错动的建筑形体，形成了一组景观序列，通过"生态+智慧"立意来塑造形象鲜明的校园地标。结合基地高差关系和地势地貌，将建筑悬浮在一个富有延展性的生态基石之上，既保留了原初的空间记忆，又通过台阶、草坡、山地、内院等元素柔化了自然景观与建筑界面，营造出一个充满创造力与生命力的绿色生态智盒（图5-49）。

图 5-49 西南侧总体鸟瞰与巍巍天目山（樊明明 摄）

5.3 技术的适宜性

浙江省安吉县北濒太湖、南临天目山，境内苕溪淙淙，山川环抱，是南太湖文化之"西苕溪时代"文明的主要发源地。自旧石器时代开始，人类的足迹已遍及整个苕溪流域，安吉人民自古以来就注重生态保护。苕溪历经千万年的流淌，至今仍在诉说着这片土地上的古老历史，当地所发现的遗址与出土的文物，更向世人揭示了在这片土地上旧石器时代文化、良渚文化、吴越文化等一脉相承、亘古不断的文明历程。

在城镇化的进程中，山体、湖泊、湿地已然成为城市发展的稀缺资源，以地处优越景观环境中的科技园区与国家重点实验室为例，分析如何以周边景观资源为设计切入点来统筹全生命周期下科技建筑的在地生成，在优越的自然环境中把科技生产的刚性需求与作为人性审美的柔性圆融达成和解。探索全生命周期下科技园区中弹性空间的运用，探索科技园介入生态环境中的柔性策略，在具体的实践中方能真真切切地体悟绿色视域中发展与保护的辩证关系。

"两山"理论的本质是将优质生态环境转换成经济价值和社会价值，科技产业的不断发展与自然环境的保护是当代社会共同面对的难题，在地处自然环境优越地段的科技园区中如何使两者相融共生，是设计探索的目的与意义。如今日益发展的建筑技术，使得设计的可能性越来越多，但设计并非一味地追求更新的建筑技术，而是要考虑所运用的建筑技术是否适宜。在很多情况下，并非没有某种建筑技术，而是采用某种建筑技术的代价是否可以承受或者性价比是否合适，"绿水青山""金山银山"的辩证合一应该是设计的目标[1]。

---

1 消解建筑，少干预、轻介入的方式将建筑融入自然环境中，尊重原始场地地域性和自然气候等属性，最大限度地发挥自然生态与景观的绿色价值，在全面实践"两山"理论的背景下，这是建筑介入自然环境应遵循的宗旨。参见：劳燕青，汪扬，张驰. "两山"理论视域下科技园区设计中的柔性策略——以两个科技产业园设计为例[J]. 世界建筑，2023(8)：128-131.

结　语

在传统人居观念中，人们向来是追求"情境合一"的。历代文人在关于描绘家居的诗文、绘画中，大多对建筑着墨不多，而更注重抒发由此"境"所生之"情"上。

"卷帘唯白水，隐几亦青山""苔痕上阶绿，草色入帘青""两岸花柳全依水，一路楼台直到山""看待诗人无别物，半潭秋水一房山""春风化雨不相识，何事闲来扣柴扉""阶下几点飞红落翠皆诗料，窗前一片浮青映白有禅机"，这些诗文描绘了各具风情的人居环境及其"情境"生发，使人沉浸在田园牧歌般的诗情画意中，有情有味有生活，这才是理想的家园。

事实上，江南水乡、冀北古宅、湘西寨堡、琼崖渔村等都是这样理想的人居环境。就人居环境的意义与价值而言，只有当人在其中生活或使用并与之发生密切关联才能充分显示出来，因此环境的意义与价值是在环境本身和人使用环境的行为活动两方面作用下产生的。

人类行为的发生，是为了实现特定目标与满足特定需求，行为是人基于自身动机或需求而采取的行动。行为必然会受所处环境的影响，也会对所处环境作出反应。只有在"情境"良性互动的发展状态中，"情"生"境"，"境"生"情"，如此反复，相辅相成，"情境"才具有持久的生命力。

与文学、书画、音乐等一样，建筑也是一种很古老的文化载体，并且还是伴随人类生命始终的生活载体，在时空更新和文脉传承中理应成为一个有参照与记录作用的"情境"载体，诉说着天地有情、知行无疆。

探索理想的人居环境是一个需要更多学科与专业来共同参与的巨大而复杂的任务，这项任务大大超越了建筑设计所能解决的范畴。设计团队必须认识到自己在这项任务中并非主帅，而是参谋，是在一个背景日趋复杂的参谋班子中从事其专业工作。

在整个过程中设计团队必须不断提升其沟通能力与应对水平，能有效地与围绕建筑而关联起来的多方主体进行沟通并达成理解。设计团队不断学习传统建筑学科之外的相关知识，目的是建立起更顺畅的对话渠道与沟通基础，而不是去代替其他学科与专业专家的作用。

建筑设计的演示与讨论不是去争论是非，或者去扭转对方的思路，而是站在建筑共同体的角度来推演共赢的最大可能性。人们在特定环境中的行为方式和心理预期还是有规律可循的，把握其中的规律必然涉及对自然、社会、经济、交通和人文等诸多因素变迁及其对人们需求所带来相应影响的感知。

人类聚居学认为，人类聚居由自然界、人、社会、建筑物和联系网络这五个基本因素组成，这五个因素是有机的整体，是不可分割、互相律动的，但主动性较强、影响力较大的因素是人与社会。提出"情境构筑"的概念是倡导建筑设计中对"人"的重视，敏感关注当下社会中"此时、此地、此人"多维信息的可能性来推演出特定时空中"情境"得以存在的现实性。

探究某句话语的语义，应该将其放在特定的用法"情境"中来考量，在该"情境"中被使用与被理解的方式就是这句话语所蕴含的语义。同样地，建筑设计也是在特定的需求"情境"中生成并发展的，要想贴切地解释特定建筑设计的缘由，就必须界定好生成特定建筑的"情境"条件。

人在建筑空间中活动，所能辨识的不是空间的虚体，而是空间的内外界面。正是在空间界面显与隐的组合及其与更大尺度的城乡空间界面之间的相互因借，人们得以据此来进行自身在物理空间上的定位，并在特定时空"情境"中发生精神上的共鸣。

"情境构筑"追寻的并不是某个非此不可的最终结果，而是一个开放的、能够不断发展的建筑"情境"，随时间的延续在不断的生长中具有足够的活力。"情境构筑"若能真正触动人的心灵，其中的活力必然是无限的。

参考文献

第一部分：专著

[1]　董丹申，李宁. 知行合一　平衡建筑的实践[M]. 北京：中国建筑工业出版社，2021.

[2]　庄惟敏. 建筑策划导论[M]. 北京：中国水利水电出版社，2001.

[3]　崔愷. 本土设计 II [M]. 北京：知识产权出版社，2016.

[4]　李兴钢. 胜景几何论稿[M]. 杭州：浙江摄影出版社，2020.

[5]　倪阳. 关联设计[M]. 广州：华南理工大学出版社，2021.

[6]　李宁. 建筑聚落介入基地环境的适宜性研究[M]. 南京：东南大学出版社，2009.

[7]　胡慧峰. 又见青藤　徐渭故里城市更新与改造实践初探[M]. 上海：东华大学出版社，2024.

[8]　李宁. 文心之灵　建筑画中的法与象[M]. 北京：中国建筑工业出版社，2023.

[9]　凯文·林奇. 城市意象[M]. 方益萍，何晓军，译. 北京：华夏出版社，2001.

[10]　凯文·林奇. 城市形态[M]. 林庆怡，等，译. 北京：华夏出版社，2001.

[11]　格朗特·希尔德布兰德. 建筑愉悦的起源[M]. 马琴，万志斌，译. 北京：中国建筑工业出版社，2007.

[12]　阿摩斯·拉普卜特. 建成环境的意义　非言语表达方法[M]. 黄兰谷，等，译. 北京：中国建筑工业出版社，2003.

[13]　邹华. 流变之美：美学理论的探索与重构[M]. 北京：清华大学出版社，2004.

[14]　刘维屏，刘广深. 环境科学与人类文明[M]. 杭州：浙江大学出版社，2002.

[15]　欧阳康，张明仓. 社会科学研究方法[M]. 北京：高等教育出版社，2001.

[16]　王建国. 城市设计[M]. 3 版. 南京：东南大学出版社，2011.

[17]　李宁. 理一分殊　走向平衡的建筑历程[M]. 北京：中国建筑工业出版社，2023.

[18]　吴震陵，李宁. 有容乃大　建筑聚落空间的形质研究[M]. 北京：中国建筑工业出版社，2023.

[19]　诺伯舒兹. 场所精神　迈向建筑现象学[M]. 施植明，译. 武汉：华中科技大学出版社，2010.

[20]　赵巍岩. 当代建筑美学意义[M]. 南京：东南大学出版社，2001.

[21]　李宁. 时空印迹　建筑师的镜里乾坤[M]. 北京：中国建筑工业出版社，2023.

第二部分：期刊

[1]　董丹申，李宁. 走向平衡，走向共生[J]. 世界建筑，2023(8)：4-5.

[2]　王凯，王颖，冯江. 当代中国建筑实践状况关键词：全球议题与在地智慧[J]. 建筑学报，2024(1)：21-28.

[3] 李宁，李林. 传统聚落构成与特征分析[J]. 建筑学报，2008(11)：52-55.

[4] 胡慧峰，沈济黄，劳燕青. 基于现实的浪漫——舟山文化艺术中心设计札记[J]. 华中建筑，2011(7)：81-83.

[5] 劳燕青. 环境中的事件模式——江南水乡环境意义的表达[J]. 新建筑，2002(6)：60-62.

[6] 董丹申，李宁. 在秩序与诗意之间——建筑师与业主合作共创城市山水环境[J]. 建筑学报，2001(8)：55-58.

[7] 崔愷. 关于本土[J]. 世界建筑，2013(10)：18-19.

[8] 李宁. 平衡建筑[J]. 华中建筑，2018(1)：16.

[9] 冒亚龙. 独创性与可理解性——基于信息论美学的建筑创作[J]. 建筑学报，2009(11)：18-20.

[10] 冯鹏志. 重温《自然辩证法》与马克思主义科技观的当代建构[J]. 哲学研究，2020(12)：20-27，123-124.

[11] 胡慧峰，张簇. 动态变化下的平衡设计语义[J]. 世界建筑，2023(8)：58-63.

[12] 雍涛. 《实践论》《矛盾论》与马克思主义哲学中国化[J]. 哲学研究，2007(7)：3-10，128.

[13] 沈济黄，李宁，劳燕青. 浙江瑞安中心体育馆[J]. 建筑学报，2005(3)：47-49.

[14] 苏学军，王颖. 空间图式——基于共同认知结构的城市外部空间地域特色的解析[J]. 华中建筑，2009(6)：58-62.

[15] 景君学. 可能性与现实性[J]. 社科纵横，2005(4)：133-135.

[16] 史永高. 从结构理性到知觉体认——当代建筑中材料视觉的现象学转向[J]. 建筑学报，2009(11)：1-5.

[17] 胡慧峰，沈济黄，劳燕青. 基于现实的浪漫——舟山文化艺术中心设计札记[J]. 华中建筑，2011(7)：81-83.

[18] 中华人民共和国住房和城乡建设部. 住房城乡建设部关于加强生态修复城市修补工作的指导意见[S]. 2017-3-6.

[19] 刘莹. 试论工程和技术的区别与联系[J]. 南方论刊，2007(6)：62，43.

[20] 张昊哲. 基于多元利益主体价值观的城市规划再认识[J]. 城市规划，2008(6)：84-87.

[21] 李宁. 平衡建筑：从平衡到不平衡、再到新平衡[J]. 华中建筑，2024(6)：71.

[22] 王骏阳. 建筑理论与中国建筑理论之再思[J]. 建筑学报，2024(1)：14-21.

[23] 沈济黄，李宁. 建筑与基地环境的匹配与整合研究[J]. 西安建筑科技大学学报（自然科学版），2008(3)：376-381.

[24] 李翔宁. 自然建造与风景中的建筑：一种价值的维度[J]. 中国园林，2019(7)：34-39.

[25] 庄惟敏，张维. 全过程背景下的中国体育建筑设计发展[J]. 建筑学报，2023(11)：9-15.

[26] 徐苗，陈芯洁，郝恩琦，万山霖. 移动网络对公共空间社交生活的影响与启示[J]. 建筑学报，2021(2)：22-27.

[27] 董丹申，李宁，劳燕青，叶长青. 装点此关山，今朝更好看——源于基地环境的建筑设计创新[J]. 华中建筑，2004(1)：42-45.

[28] 何志森. 从人民公园到人民的公园[J]. 建筑学报，2020(11)：31-38.

[29] 李晓宇，孟建民. 建筑与设备一体化设计美学研究初探[J]. 建筑学报，2020(Z1)：149-157.

[30] 许逸敏，李宁，吴震陵，赵黎晨. 技艺合一——基于多元包容实证对比的建筑情境建构[J]. 世界建筑，2023(8)：25-28.

[31] 王灏. 寻找纯粹性与当代性七思[J]. 建筑学报，2023(8)：62-65.

[32] 李宁，胡慧峰，劳燕青. 高校校园意象[J]. 新建筑，2003(10)：23-24.

[33] 沈清基，徐溯源. 城市多样性与紧凑性：状态表征及关系辨析[J]. 城市规划，2009(10)：25-34，59.

[34] 劳燕青，胡慧峰. 构筑"科学的殿堂"——浙江大学软件学院宁波分院主楼设计[J]. 华中建筑，2006(1)：66-68.

[35] 李欣，程世丹. 创意场所的情节营造[J]. 华中建筑，2009(8)：96-98.

[36] 石孟良，彭建国，汤放华. 秩序的审美价值与当代建筑的美学追求[J]. 建筑学报，2010(4)：16-19.

[37] 袁烽，许心慧，李可可. 思辨人类世中的建筑数字未来[J]. 建筑学报，2022(9)：12-18.

[38] 胡慧峰，李宁，方华. 顺应基地环境脉络的建筑意象建构——浙江安吉县博物馆设计[J]. 建筑师，2010(5)：103-105.

[39] 鲍英华，张伶伶，任斌. 建筑作品认知过程中的补白[J]. 华中建筑，2009(2)：4-6，13.

[40] 朱文一. 中国营建理念 VS "零识别城市/建筑"[J]. 建筑学报，2003(1)：30-32.

[41] 董丹申，劳燕青，胡慧峰. 追求得体的建筑表达——中国井冈山干部学院设计[J]. 建筑学报，2007(2)：60-64.

[42] 劳燕青，彭荣斌. 与环境"柔性"对话——浙江黄龙体育中心室内训练馆设计回顾[J]. 华中建筑，2020(12)：32-35.

[43] 刘毅军，赖世贤. 视知觉特性与建筑光视觉空间设计[J]. 华中建筑，2009(6)：44-46.

[44] 孟建民. 本原设计观[J]. 建筑学报，2015(3)：9-13.

[45] 倪阳，方舟. 对当代建筑"符号象征"偏谬的再反思[J]. 建筑学报，2022(6)：74-81.

[46] 赵衡宇，孙艳. 基于介质分析视角的邻里交往和住区活力[J]. 华中建筑，2009(6)：175-176.

[47] 黄莺，万敏. 当代城市建筑形式的审美评价[J]. 华中建筑，2006(6)：44-47.

[48] 赵恺，李晓峰. 突破"形象"之围——对现代建筑设计中抽象继承的思考[J]. 新建筑，2002(2)：65-66.

[49] 劳燕青. 乡村建造实践——L 宅[J]. 建筑技艺，2015(8)：68-73.

[50] 李翔宁，莫万莉，王雪睿，闻增鑫. 建构当代中国建筑理论的新议程[J]. 建筑学报，2024(1)：6-13.

[51] 劳燕青，李宁，汪扬. 大学校园规划中的综合体策略——以两所大学的校园空间构建为例[J]. 华中建筑. 2019(12)：81-84.

[52] 夏荻. 存在的地区性与表现的地区性——全球化语境下对建筑与城市地区性的理解[J]. 华中建筑，2009(2)：7-10.

[53] 郝林. 面向绿色创新的思考与实践[J]. 建筑学报，2009(11)：77-81.

[54] 孙宇璇. 从整合到消解：设备管线空间分布的设计策略演进研究[J]. 建筑学报，2024(2)：9-15.

[55] 王金南，苏洁琼，万军. "绿水青山就是金山银山"的理论内涵及其实现机制创新[J]. 环境保护，2017(11)：12-17.

[56] 董宇，刘德明. 大跨建筑结构形态轻型化趋向的生态阐释[J]. 华中建筑，2009(6)：37-39.

[57] 孙澄，韩昀松，王加彪. 建筑自适应表皮形态计算性设计研究与实践[J]. 建筑学报，2022(2)：1-8.

[58] 杨春时. 论设计的物性、人性和神性——兼论中国设计思想的特性[J]. 学术研究，2020(1)：149-158，178.

[59] 史永高. 物象之间：建筑图像的喻形性与画面性[J]. 建筑学报，2021(11)：84-90.

[60] 李宁，王玉平. 契合地缘文化的校园设计[J]. 城市建筑，2008(3)：37-39.

[61] 金楚豪，劳燕青. 内聚外融——基于高校体育馆实践的设计策略研究[J]. 华中建筑，2024(6)：72-76.

[62] 曹力鲲. 留住那些回忆——试论地域建筑文化的保护与更新[J]. 华中建筑，2003(6)：63-65.

[63] 董丹申，李宁. 与自然共生的家园[J]. 华中建筑，2001(6)：5-8.

[64] 尹稚. 对城市发展战略研究的理解与看法[J]. 城市规划，2003(1)：28-29.

［65］ 劳燕青，汪扬，张驰. "两山"理论视域下科技园区设计中的柔性策略——以两个科技产业园设计为例［J］. 世界建筑，2023(8)：128-131.

［66］ 余晓慧，陈钱炜. 生态文明建设多元文化的求同存异［J］. 西南林业大学学报 (社会科学)，2021(1)：87-92.

［67］ 常青. 历史建筑修复的"真实性"批判［J］. 时代建筑，2009(3)：118-121.

［68］ 杨茂川，李沁茹. 当代城市景观叙事性设计策略［J］. 新建筑，2012(1)：118-122.

［69］ 梁江，贾茹. 城市空间界面的耦合设计手法［J］. 华中建筑，2011(2)：5-8.

［70］ 莎莉•斯通，郎烨程，刘仁皓. 分解建筑：聚集、回忆和整体性的恢复［J］. 建筑师，2020(5)：29-35.

［71］ 劳燕青，吕尚泽，陈泽. 重构秩序——南浔经济开发区科创中心空间连贯性设计探索［J］. 世界建筑，2023(8)：108-111.

［72］ 艾英旭. "水晶宫"的建筑创新启示［J］. 华中建筑，2009(7)：213-215.

［73］ 劳燕青，董丹申. 山水环境中党校校园空间的营造——潍坊市委党校新校区规划及建筑设计实践［J］. 华中建筑，2008(7)：92-96.

［74］ 李宁，丁向东. 穿越时空的建筑对话［J］. 建筑学报，2003(6)：36-39.

［75］ 赵黎晨，李宁，张菲. 基于城市发展存量更新模式的校园再生分析——以城市特定街区校园改扩建设计为例［J］. 华中建筑，2024(6)：81-84.

［76］ 劳燕青，董丹申. 砖石叙事——浙江大学海宁国际校区教学南区设计［J］. 华中建筑，2021 (4)：42-46.

［77］ 李旭佳. 中国古典园林的个性——浅析儒、释、道对中国古典园林的影响［J］. 华中建筑，2009(7)：178-181.

［78］ 沈济黄，李宁. 环境解读与建筑生发［J］. 城市建筑，2004(10)：43-45.

［79］ 黄蔚欣，徐卫国. 非线性建筑设计中的"找形"［J］. 建筑学报，2009(11)：96-99.

［80］ 张若诗，庄惟敏. 信息时代人与建成环境交互问题研究及破解分析［J］. 建筑学报，2017(11)：96-103.

［81］ 沈济黄，李宁. 基于特定景区环境的博物馆建筑设计分析［J］. 沈阳建筑大学学报 (社会科学版)，2008(2)：129-133.

［82］ 陈青长，王班. 信息时代的街区交流最佳化系统：城市像素［J］. 建筑学报，2009(8)：98-100.

［83］ 李宁，王玉平. 空间的赋形与交流的促成［J］. 城市建筑，2006(9)：26-29.

［84］ 高亦超. 从结构理性到建造理性——建构的视野与评判拓展［J］. 建筑学报，2021(6)：70-74.

［85］ 陈泽，劳燕青，张永青，张驰. 在地生长——严苛造价控制条件下江南典型乡村环境中聚落校园空间的营造［J］. 建筑与文化，2023(12)：34-36.

［86］ 赵建军，杨博. "绿水青山就是金山银山"的哲学意蕴与时代价值［J］. 自然辩证法研究，2015(12)：104-109.

［87］ 金楚豪，劳燕青，陈泽，陈舒扬. 共融与共情——基于"城市双修"理念的更新改造［J］. 世界建筑，2023(8)：71-75.

［88］ 金秋野. 本土方法和工匠精神的重建——关于"本土设计"思想的演变和发展［J］. 建筑学报，2024(1)：1-5.

［89］ 王贵祥. 中西方传统建筑——一种符号学视角的观察［J］. 建筑师，2005(4)：32-39.

［90］ 司桂恒，庄惟敏，梁思思. 街区空间使用后评价的框架与逻辑［J］. 建筑学报，2024(2)：36-42.

致谢

一

本书得以顺利出版，首先感谢浙江大学平衡建筑研究中心的资助。同时，感谢浙江大学平衡建筑研究中心、浙江大学建筑设计研究院有限公司对建筑设计及其理论深化、人才培养、梯队建构等诸多方面的重视与落实。

二

感谢本书所引用的具体工程实例的所有设计团队成员，正是大家的共同努力，为本书提供了有效的实证支撑。同时也感谢这些工程项目的所有合作单位，正是有大家的齐心协力，才能使得这些项目得以顺利推进。做一个项目，结识一帮朋友，建筑正是大家的纽带，建筑之所以能感人，就是因为从开始就凝结了大家的"情"。就"情境构筑"而言，这些"情"都是各方主体最真挚的原始输入，从而得以引发客体之"境"的共生。

本书中非作者拍摄的照片均进行了说明与标注，在此一并感谢。

三

感谢赵黎晨、王英妮、王超璐、刘达、陈泽、林珈名、金楚豪、周均、程啸、张润泽、金轶群、李莹等小伙伴在本书整理过程中的支持与帮助。

四

感谢中国建筑出版传媒有限公司（中国建筑工业出版社）对本书出版的大力支持。

五

有"平衡建筑"这一学术纽带，必将使我们团队不断地彰显出设计与学术的职业价值。